JOURNAL FÜR HIRNFORSCHUNG

Organ des Instituts für Hirnforschung und Allgemeine Biologie
in Neustadt (Schwarzwald)

Herausgegeben von

Cécile Vogt und Oskar Vogt†

BAND 4 · HEFT 6 · 1960

AKADEMIE-VERLAG · BERLIN W 8

Das Journal erscheint in zwangloser Folge in Heften von verschiedenem Umfang. 6 Hefte bilden einen Band. Ein Einzelheft kostet 12,—DM, ein Band 72,— DM.

Inhalt des Heftes 6

Das „Journal für Hirnforschung" wird — wie bis 1942 das „Journal für Psychologie und Neurologie" — die Forschungsergebnisse des Instituts für Hirnforschung und allgemeine Biologie in Neustadt/Schwarzwald veröffentlichen. Im Mittelpunkt der Forschungen dieses Institutes steht die Hirnanatomie, und zwar jene Teile derselben, die die wichtigsten Erkenntnisquellen für die räumlichen Beziehungen zwischen materiellem Hirngeschehen und Bewußtseinserscheinungen darstellen. Vertiefung der architektonischen Gliederung des Gehirns, Aufdeckung des anatomischen Ausdrucks individueller Besonderheiten Gesunder, Kranker und „zurechnungsfähiger" Asozialer, Ausnutzung der pathologischen Anatomie für die Schaffung einer ätiologischen Klassifikation der sogenannten funktionellen Neurosen und Psychosen, Klärung der aufbauenden und reparatorischen Funktionen des metamitotischen Arbeitskernes der Nervenzellen: das sind gegenwärtig die Hauptforschungsgebiete des Institutes.

Bestellungen an eine Buchhandlung erbeten

Wenn Sie unsere Literatur nicht in ihrer Buchhandlung erhalten können oder Schwierigkeiten bei der Beschaffung haben, dann wenden Sie sich bitte an eine der nachstehenden Auslieferungsstellen oder direkt an den Verlag.

Auslieferung für die Deutsche Demokratische Republik:
LKG Leipziger Kommissions- und Großbuchhandel
Leipzig C 1, Leninstraße 16

Auslieferung für Westdeutschland
Kunst und Wissen, Erich Bieber, Stuttgart S, Wilhelmstr. 4–6

Auslieferung für das gesamte Ausland:
Deutscher Buch-Export und -Import, GmbH,
Leipzig C 1, Postschließfach 276

*

Akademie-Verlag,
Berlin W 8, Leipziger Str. 3–4, Ruf 220441 Sammelnummer
Telegramm-Adresse: Akademieverlag Berlin

Herausgeber und verantwortlich für den Inhalt: Dr. Cécile Vogt und Prof. Oskar Vogt †, Institut für Hirnforschung und allgemeine Biologie, Neustadt/Schwarzwald. Verlag: Akademie-Verlag GmbH, Berlin W 8, Leipziger Str. 3–4 (Fernruf: 220441, Telex-Nr. 011773); Postscheckkonto: Berlin 35021. Bestellnummer dieses Heftes: 1018/4/6. Das „Journal für Hirnforschung" erscheint in zwanglosen Heften von verschiedenem Umfang. 6 Hefte bilden einen Band. Preis je Einzelheft 12,– DM. Ein Band 72,–DM. Satz und Druck: VEB Druckhaus „Maxim Gorki", Altenburg. Veröffentlicht unter der Lizenznummer ZLN 5029 des Ministeriums für Kultur. Printed in Germany.

JOURNAL FÜR HIRNFORSCHUNG

BAND 4 · HEFT 6 1960

(Aus dem Pathologischen Institut des Landeskrankenhauses Neustadt/Holstein und dem Institut für Hirnforschung und allgemeine Biologie Neustadt/Schwarzwald)

Die pathocytologischen Veränderungen des Zentralnervensystems bei der Pfaundler-Hurlerschen Krankheit (Gargoylismus)

Von

Rudolf Rabl

Mit 19 Abbildungen

Inhaltsangabe

I. Einleitung

Daß es sich bei den Speicherkrankheiten des Zentralnervensystems (**Z. N. S.**), zu denen auch die der amaurotischen Idiotie (**am.I.**) nahestehende *Pfaundler-Hurler*sche Krankheit (**Pf.-H.-Kr.**) gehört, um eine Stoffwechselstörung handelt, ist bekannt. Die histochemischen (Diezel) und chemischen Untersuchungen (Klenk) der letzten Jahre bezogen sich dabei fast ausschließlich auf die Art der abgelagerten Substanzen. Es ergab sich, daß es sich um eine Mischung von Gangliosiden und Sphingomyelin sowie Mukopolysacchariden handelt, wobei zwischen den einzelnen Krankheitsfällen scheinbar geringe Unterschiede bestehen. Weniger wurden die Zellstrukturen und die Verteilung der Ablagerungen in den verschiedenen Gebieten des **Z. N. S.** beachtet, aus denen Hinweise auf die Art der Störung der Eiweißstoffwechsels und die Bildung der Lipoide gezogen werden könnten. Die Befunde wurden mehr vom statischen als vom dynamischen Standpunkt untersucht, der bei der Auswertung des eigenen Falles im Vordergrund steht.

Diese Befunde beschränken sich daher auf die Strukturen im **Z. N. S.** Die bei der **Pf.-H.-Kr.** gleichzeitig gelegentlich mit vorhandene *Dysostosis multiplex* bleibt daher unbeachtet. Die bei dem mitgeteilten Krankheitsfall behandelte Hüftluxation braucht nicht besprochen zu werden. Wegen der Stoffwechelstörung werden dagegen die Befunde an den inneren Organen erwähnt werden, da sie für das gesamte Stoffwechselgeschehen zu berücksichtigen sind.

Zur Beurteilung der **Pf.-H.-Kr.** wird es notwendig, die infantile, spätinfantile, juvenile und Spätform (Benda, Smith, Feyrter) und die Beziehungen zur **am. I.** zu erwähnen, bei der gleichfalls die Tay-Sachssche und die Spielmeyer-Vogtsche Krankheit unterschieden werden. Es führt zu der Frage, ob die jeweilige Form der beiden miteinander verwandten Krankheiten Ähnlichkeiten aufweisen.

II. Untersuchungsgut und Abkürzungen

Der Krankheit liegt die Untersuchung eines Falles der **Pf.-H.-Kr.** zugrunde. Die Krankengeschichte verdanke ich dem freundlichen Entgegenkommen von Herrn Professor Jochims, Lübeck, Herrn Dr. Edelhoff, Lübeck, und Herrn Dr. Rall, Neustadt/Holstein, denen ich auch an dieser Stelle hierfür vielmals danken möchte.

Für die mikroskopischen Untersuchungen wurde vom **Z.N.S.** folgende Teile genommen: Stirnpol, Area 4, Area 17, Mandelkern, Ammonshorn, vorderer Hypothalamus mit Infundibulum, hinterer Hypothalamus mit Thalamus, vorderer und hinterer Niger, Kleinhirnrinde und Dentatus, Caeruleus, Brücke in 3 Stufen, Medulla oblangata in 5 Stufen, Lendenteil des Rückenmarks, Hypophyse, Thymus, Herzmuskel beider Kammern, Tricuspidalis, Lunge, Magen, Duodenum, Leber, Bauchspeicheldrüse, Milz, Nebenniere, Niere, Muskulatur der vorderen Bauchwand und des Zwerchfells, Lendenwirbelkörper und Rippe. Aus äußeren Gründen ließen sich die Extremitäten und die Augen nicht untersuchen.

An Färbungen wurden durchgeführt: Haematoxylin-Eosin, van Gieson, Kresylviolett, Perjodsäure, Chromalaun-Haematoxylin-Phloxin nach Gomori, Feulgen-Azan, Held, Holzer, Sudan-Schwarz. Von Leber, Milz und Nieren wurden außerdem Sudan-III-Färbungen gemacht. Die histologische Technik lag wiederum in den Händen meines langjährigen Mitarbeiters, Herrn Wilhelm Klöfkorn; die Photographien verdanke ich Fräulein M. Grosse. Beiden möchte ich auch an dieser Stelle hierfür vielmals danken.

Zum Vergleich mit der eigenen Beobachtung wurden mir einige Gehirnstücke eines anderen Falles der **Pf.-H.-Kr.** durch Herrn Privatdozent Dr. Diezel, Heidelberg, zur Verfügung gestellt, dem ich gleichfalls hierfür vielmals danke. Für spezielle Fragen der Kleinhirnveränderungen stand außerdem ein eigener Sektionsfall einer Olivo-ponto-cerebellaren Atrophie bei einem 23jährigen Mädchen zur Verfügung. Das Gehirn wog 1110 g, davon das Kleinhirn 85 g. Hierbei waren sehr starke Speicherungsvorgänge in dem erwähnten System vorhanden. Schnitte von amaurotischer Idiotie konnten aus der Sammlung des Hirnforschungsinstitutes eingesehen werden. Diese Befunde sind von Gerhard veröffentlicht worden.

Die wesentlichen verwendeten Abkürzungen sind folgende:

B	= N. basalis	Nz	= Nervenzelle
Cae	= N. caeruleus	Pf.	= N. parafornicalis hypothal.
C. i	= Capsula interna	Pm. inf	= N. paramedianus inferior thal.
C. m	= Corpus mamillare	Pm. sup	= N. paramedianus superior thal.
D. l	= N. dorso-lateralis thal.	Pm. v	= N. paramedianus ventralis thal.
Gigc	= N. gigantocellularis	Pv	= N. paraventricularis hypothal.
Md	= N. medialis bzw. mediodorsalis bzw. Suoranucleus medialis dorsalis (Namba) thal.	Re	= N. reuniens thal.
M. i	= Massa intermedia	s II	= N. supraopticus hypothal.
M. mac	= N. mamillaris magnocellularis	Vc	= N. ventro-caudalis thal.
N	= N. niger		

Im übrigen sei auf die Abkürzungen in den Arbeiten des Hirnforschungsinstituts, insbesondere denen von C. und O. Vogt, Brockhaus, v. Buttlar-Brentano, Rabl, Namba, Hempel und Treff sowie Wünscher hingewiesen.

III. Krankheitsverlauf und pathologisch-anatomischer Befund

Über die Vor- und Krankengeschichte des beim Tode $3^1/_3$ Jahre alten, am 5. 8. 1955 geborenen Mädchens ist folgendes bekannt: Der 43 Jahre alte Vater ist gesund, aber „schief". Seine eine Seite sei „stärker als die andere". Die 33 Jahre alte Mutter ist ebenfalls gesund. Sie hatte im Alter von 12 Jahren, d. h. 1934, einen Lungenspitzenkatarrh, der nach häuslicher Liegekur und Erholungsaufenthalt zurückging. 1951 war bei ihr das rechte Ovar wegen einer extrauterinen Gravidität entfernt worden.

Eine 12jährige Schwester hat einen Buckel und turnt deswegen orthopädisch. Ein 10jähriger Bruder ist gesund. Eine 8jährige Schwester kommt geistig nicht ganz mit, hatte einen Nabel- und Leistenbruch. Eine Schwester ist mit 6 Jahren an einer Pneumonie gestorben. Eine 2jährige Schwester ist gesund.

Sie selbst ist das 6. Kind. In der letzten Hälfte der Schwangerschaft traten anhaltende Rücken- und Unterleibsschmerzen auf. Die Geburt wurde 3 Wochen zu früh durch einen Kaiserschnitt vorgenommen. Geburtsgewicht 3000 g, Körperlänge 52 cm.

In den ersten Lebensmonaten häufig Ernährungsstörungen, die jedoch keine Krankenhausbehandlung notwendig machten. Mit 8 Monaten wurde das Kind wegen einer Dyspepsie in die Kinderklinik der Städt. Krankenanstalten Lübeck aufgenommen. Hierbei fiel auf, daß es schief gebaut war, was auch der Mutter schon bald nach der Geburt aufgefallen war. Wegen der Gesichtsform und Knochenveränderungen wurde die Diagnose auf **Pf.-H.-Kr.** gestellt. Die linke Brusthälfte war abgeflacht, die rechte trat vor. Der linke Rippenbogen wölbte sich sehr stark vor. Es bestand eine Harrisonsche Furche. Das untere Ende des Brustbeins wölbte sich links stärker als rechts vor. Röntgenologisch: Rechtsskoliose der unteren Brustwirbelsäule. Verschieden weite Zwischenwirbelabstände, besonders im Bereich der Lendenwirbelsäule. Sehr plumpe Rippen. Periostverdickungen der medialen Humerusanteile. Distales Ende des rechten Humerus auffallend kolbig aufgetrieben. Oberer Anteil der rechten Tibia nach vorn konvex gebogen und plump. Dort auffallend wabige und aufgelockerte Struktur. Rechter Hüftkopf auffallend hoch. Oberschenkelhals steil gestellt. Hüftpfanne wenig ausgeprägt. In der linken Hüfte geringe Veränderungen. Die rechte Gesäßhälfte ist abgeflacht. Die rechte Hinterhauptshälfte wölbt sich stärker als die linke vor. Angedeutete Sattelnase. Schädeldach röntgenologisch ohne pathologische Veränderungen. Im Unterkiefer zwei Schneidezähne. Plumper Bau der Mittelhandknochen, jedoch auch von Ulna und Radius. Distaler Teil der rechten Ulna nach medial ausgezogen. Die Hornhaut ist beiderseits diffus getrübt. Die Pupillen erweitern sich auf Homatropin sehr zögernd und wenig ausgiebig. Die Papillen erscheinen im Vergleich zur übrigen, gut durchbluteten Retina etwas blaß. Über allen Abschnitten des Herzens ist ein systolisches Geräusch vorhanden. Der Puls ist regelmäßig und gut gefüllt. Im EKG ist kein sicherer pathologischer Befund. Hgb. 57—67%, Leukozyten 7600—8400. Keine Adlersche Granulation. Serologische Luesreaktionen waren negativ. Im Stuhl wurde einmal Bact. proteus nachgewiesen, kein Dyspepsie-Coli. Am Bauch „nichts Aufälliges". Behandlung mit Karottensuppe und Eiweißmilch. Wegen der Hüftgelenkstörung nach fünfwöchiger Behandlung für 2 Monate in die chirurgische Klinik überwiesen. Anlegung eines Gipsverbandes in Lorenz-Stellung. Wegen Pneumonie in die Kinderklinik zurückverlegt. Dort 2 Wochen typische Masern und starke Dyspepsie mit sturzartiger Gewichtsabnahme. Nach 8 Wochen Entfernung des Gipsverbandes. Bei der Röntgenkontrolle Nachweis, daß beide Gelenkköpfe gut in der Pfanne stehen. 2 Wochen später erneuter Gips in gemilderter Lorenz-Stellung.

Mit 2 Jahren in die orthopädische Klinik Neustadt überwiesen. Nach Entfernung des Gipses zeigt sich bei Stehversuchen ein positiver Trendelenburg beiderseits. Die Schenkelköpfe stehen tief unterhalb der Y-Fuge gegenüber der Gelenkpfanne. Rechts ist der Kopfkernschatten auffallend viel kleiner als links. Wiederholte Röntgenkontrollen im Laufe der nächsten 2 Jahre. Nach 1 Jahr ist der Kopfkern des rechten Hüftgelenks deutlich größer und kräftiger ausgebildet. Die Reposition ist gut. Das coxale Femurende steht rechts tief in der Pfanne. Der linke Schenkelkopf ist sehr groß und kräftig entwickelt. Die Verschiebung des Schenkelkopfes nach lateral und oben hat zugenommen. Der Schenkelhals ist außerordentlich steil und setzt sich fast als Verlängerung des Schaftes fort. Nach fast 2jähriger Behandlung ist ein kleiner, verhältnismäßig unregelmäßiger Schenkelkopf vorhanden, der einigermaßen pfannengerecht etwas unterhalb der Y-Furche steht und noch im ganzen als reponiert anzusehen ist. Die rechte Gelenkpfanne ist etwas tiefer. Der Wiberg-Winkel ist etwas kleiner als links. Der Schenkelhals ist außerordentlich steil. Mit 3 Jahren Schrägbruch des rechten Oberschenkels mit mäßiger Dislokation. Während der letzten 2 Jahre verzögerte geistige Entwicklung, die durch den Hospitalismus beeinflußt war. Sehen möglich. Nervenstörungen wurden nicht beobachtet. Klinisch keine Leber- und Milzvergrößerung festgestellt. In den letzten Tagen vor dem Tode etwas zunehmende Temperaturerhöhung. Herz- und Kreislaufversagen.

Zusammengefaßt ergibt sich, daß bei dem $3^1/_3$ Jahre alten Mädchen die Diagnose einer **Pf.-H.-Kr.** auf Grund der Kopfform und der Dysostosis gestellt wurde. Dagegen fiel die Milz- und Lebervergrößerung klinisch nicht auf, und der geistige Entwicklungszustand wurde nur als verzögert angesehen. Neurologische Ausfälle waren nicht festgestellt worden. Hinweise auf eine Epilepsie fehlten. Die klinisch im Vordergrund stehende Hüftluxation hatte für die **Pf.-H.-Kr.** keine Bedeutung. Eine familiär bedingte Anlage ließ sich nicht nachweisen. Sie wird auch sonst nicht immer gefunden (Nisbet und Cubit, Alder, Chorémes, Constantinidés, Kyriakiedès, Yakamos und Joannidès, Wilde, McKusik). Der Tod trat am 3. 12. 57 ein, die Sektion wurde am 4. 12. 57 vorgenommen, $11^1/_2$ Stunden nach dem Tode.

Sektionsbefund: Pfaundler-Hurlersche Krankheit. Akute Herzinsuffizienz bei offenem Foramen ovale. Größe dem Alter des Kindes entsprechend. Gedrungener Körperbau. Plumpes Gesicht. Sehr tiefliegende, breite Nasenwurzel. Breite Augenhöhlen. Relativ niedrige, etwas vermehrt gewölbte Stirn. Dicht anliegende, etwas verbildete, lange Ohren. Keine Veränderungen des Mundes. Normal gestaltete Wirbelsäule. Angedeutet verdickte Knochen-Knorpelgrenzen der Rippen. Sehr feste Rippen. Beiderseitige Hüftluxation. Auf der linken Seite dadurch nach oben verlagerter restlicher Oberschenkelkopf mit lang ausgezogenem Band und abgeflachtem Kopfteil. Ungleichmäßig verteilte Knorpel auf der Gelenkfläche. Rechtes Hüftgelenk nicht eröffnet. Plumpe Knie (aus äußeren Gründen nicht eröffnet). Sehr plumpe Handwurzeln (gleichfalls nicht eröffnet). Keine Veränderungen der Hände und Füße. Etwas vermehrt entwickeltes blasses Fettgewebe. Mäßig stark durchblutete Muskulatur.

Mittelhoher Zwerchfellstand. Sehr stark gespannter Herzbeutel. Sehr viel Herzbeutelflüssigkeit; besonders nach rechts stark vergrößertes Herz. Hochgradig erweiterter rechter Vorhof und sehr großes rechtes Herzohr. Bedeutend kleinerer linker Vorhof und sehr kleines linkes Herzohr. Pralle Überfüllung der rechten Herzseite mit Cruor und flüssigem Blut. Reichlich flüssiges Blut und Speckhautgerinnsel in der A. pulmonalis. Reichlich Cruor im linken Vorhof. Leere linke Kammer. Breit offenes, durch einige Gewebsstränge teilweise gitterförmig überdecktes ovales Fenster. Vollständig geschlossene Kammerscheidewand. Sehr stark verdickte rechte, mäßig stark verdickte linke Kammerwand. Gleichmäßig durchblutete Muskulatur. Knotig verdickter freier Rand der Tricuspidalis. Keine Verwachsungen und keine Auflagerungen sowie zarte Sehnenfäden und Papillarmuskeln. In der gleichen Weise verdickte Mitralsegel, jedoch außerdem etwas verhärteter Ansatzrand. Keine Veränderungen der halbmondförmigen Klappen. Normal gestaltete Coronararterien. Mittelweite Aorta. Mehrere in der Wand gelegene, leuchtend gelbe Einlagerungen im Bogen- und oberen Brustteil. Geringgradige knotige, verdickte, blasse Einlagerungen im Bauchteil. Keine Veränderungen der Aa. iliacae, der Milz- und Hirnbasisarterien. Mittelstark gefüllte untere Hohlvene.

Mittelgroße Lungen. Keine Pleuraverwachsungen. Paravertebrale Dystelektase in den Unterlappen. Leere Luftröhrenäste mit blasser Schleimhaut. Kleine Schilddrüse. Keine Veränderungen der Hilus- und Bifurkationsdrüsen. Große Tonsillen. Keine Veränderungen der Speiseröhre. Mittelgroße Thymus.

Sehr große, schlaffe, weiche Leber mit auffallend großem, weit nach links reichendem linken Lappen. Große Abschnitte mit gequollenem gelblichem Gewebe ohne scharfe Läppchengrenzen, besonders in der linken Hälfte der Leber. Kleinere, jedoch gleichfalls schlecht abgrenzbare Läppchen in der rechten Hälfte. Keine Vergrößerung der beiden kleinen Lappen. Gering gefüllte Gallenblase. Ziemlich blasse, etwas schleimige Galle. Leerer Magen mit normaler Faltenbildung. Etwas geblähter Dünndarm. Mittelstark geblähter, blasser Dickdarm. Etwas dickbreiiger, fest geformter Kot. Mehrere bohnengroße, leuchtend gelbe Mesenterialdrüsen. Blasse, mittelgroße Bauchspeicheldrüse. Aufs Doppelte vergrößerte, feste Milz mit blutreicher, dunkelroter Pulpa. Nicht erkennbare Follikel. Gewebe nicht abstreifbar. Kapsel an sehr kleinen Abschnitten etwas verdickt.

Mittelgroße Nebennieren. Schmale, orangegelbe Rinden. Schmale Markschichten. Mittelgroße Nieren. Andeutungsweise gelappte Oberflächen. Breites Parenchym. Mittelbraune Farbe. Keine Veränderungen der Nierenbecken und Harnleiter. Etwas gefüllte Harnblase. Blasse Schleimhaut. Keine Veränderungen der Genitalorgane.

Dünner, jedoch fester Schädel. Schmale vordere Schädelgruben. Nicht besonders stark gespannte harte Hirnhaut. Flächenhaftes, andeutungsweise gelbliches, hochgradiges Ödem über dem vorderen Teil der Großhirnhalbkugeln und insbesondere über den Stirnpolen. Übergreifen des Ödems auf die Innenfläche der Stirnpole. Mittelbreite Stirnpole. Keine abnormen Windungen. Etwas erweiterte Seitenventrikel. Angedeutete Ependymitis granularis. Gering erweiterter 3. Ventrikel. Sehr kleiner Thalamus. Kleine Massa intermedia. Etwas erweitertes Foramen interventriculare. Mittelgroße Brücke. Mitteldickes, verlängertes Mark. Etwas vorquellende Kleinhirntonsillen. Keine Veränderungen des Dentatus. Hypophyse makroskopisch normal groß.

Gewichte: Gehirn 1150, davon das Kleinhirn 130 g, Thymus 20 g, Lunge rechts 170, links 110 g, Herz 90 g, Milz 75 g, Leber 800 g, Nebennieren: rechts 6 g, links 6 g, Nieren: rechts 45 g, links 47 g.

Bemerkenswert ist am Sektionsbefund, daß am Gehirn keine Bildungsanomalie vorhanden ist. Insbesondere sind weder Pachy- noch Mikrogyrien vorhanden. Es war weder eine Atrophie des Kleinhirns noch eine des Hirnstammes nachweisbar. Auch hat das Gehirn eine normale Größe und ein normales Gewicht. Am Herzen war ein offenes Foramen ovale vorhanden, obgleich im EKG hierfür keine Hinweise bestanden. Die über dem Herzen klinisch nachgewiesenen Geräusche sind auf das offene Foramen ovale zurückzuführen. Eine weitere Diskrepanz besteht zwischen klinischem und anatomischem Befund darin, daß Leber und Milz anatomisch sehr stark vergrößert waren.

Eine vergleichende Auswertung der mikroskopischen Befunde im **Z. N. S.** ist dadurch erschwert, weil es nur in wenigen Fällen systematisch aufgearbeitet worden ist.

Eine Beteiligung der folgenden Gebiete ist erwähnt: Hirnrinde (1, 10, 12, 16a, 16b, 35), Hypothalamus (10), Basalganglien (1, 16, 28, 35, 36), Thalamus (1, 10, 12, 35), Putamen (10), Globus pallidus (10), Niger (10, 12, 21, 28, 35), Brücke (10, 16b, 35), Kleinhirn (1, 10, 16b, 35), Hypoglossuskern (16a), untere Olive (1, 28). In ihnen sind die Zellveränderungen, insbesondere die Fettablagerungen besprochen. Dagegen fehlen Angaben über Schattenbildungen und Lückenbildungen im Gewebe. Auch der histochemische Unterschied zwischen den verschiedenen Gebieten des Gehirns wurde nicht beachtet.

Die eigenen Befunde sind aus der folgenden Tabelle und den weiteren Angaben zu ersehen:

Kerne der sensiblen Hinterstränge kaum verfettet. Einige Zellen in Auflösung begriffen. Mittelgroße Nucleolen. Etwas verdichtetes Grundnetz.

Pyramidenbahnen gut erhalten.

Lendenteil des Rückenmarks: Stark vergrößerte und verfettete Vorderhornzellen.

Hypophyse: Hyperämie der Sinus. Gut erhaltenes Gewebe. Vorwiegend große eosinophile Zellen. Wenige ausgesprochen basophile Zellen. Keine Sekrettropfen. Keine Verfettung. Kapsel frei von Infiltraten. In den Lichtungen mit Perjodsäure färbbares Material. Im *Hinterlappen* kein mit Chromalaun-Haemaoxylin-Phloxin färbbares Material.

Thymus: Normaler Bau. In einigen Zellen der Mark- und Rindenschicht fein- und grobtropfige, mit Sudan-Schwarz nachweisbare Ablagerungen ohne besondere Auftreibung der Zellen. Im Bindegewebe eingestreute Zellen mit geringer Speicherung Masson-positiver Körnchen.

Muskulatur der linken Herzkammer: Etwas ungleichmäßige Färbbarkeit der Muskelzellen. Hyperämische Venen. Herdförmiges, interstitielles Ödem. Keine Verfettung. Keine Zellreaktionen.

Muskulatur der rechten Herzkammer: Gleichmäßige Färbbarkeit der Muskulatur. Keine Verfettung. Keine Infiltrate.

Tricuspidalis: Gequollenes fibröses Gewebe. Keine Infiltrate.

Lungen: Teilweise geblähte, leere Alveolen. In anderen Alveolen eiweißhaltiges, zellfreies Exsudat. Keine Verfettungen.

Magen: Deutlich gelagertes Epithel. Keine Nekrosen. Keine Infiltrate. Keine Verfettungen.

Duodenum: Abgelöste Epithelien in den oberen Zweidritteln der Schleimhautfalten. Miteinander verklebtes Stroma zahlreicher Zotten. Keine Infiltrate. Keine Verfettungen in der Schleimhaut.

Gebiet	Sudan-Schwarz	Zell-gehalt	Lücken-bildung	Schatten-bildung	PAS	Masson	Perivas-kuläre Infiltr.
Stirnpol . . .	++++	++	++	—	±	±	±
Area 4	++++	++	+++	+	—	±	+++
Area 17 . . .	++	++	++	—	—	±	±
Mandelkern . .	++	++	+	+		+	+
Ammonshorn .	++++	++	++	++	—	++	+
B	+++	++	±	+	+	+++	+
s II	+	+	+++	++	±	±	—
Infundibulum .	—	++	—	—	—	±	+
C. m	+	+	—	—	—	—	—
Pf.	++	+	—	—	—	±	±
Re	+	+	—	—	—	—	+
P. m. sup. . .	+	+	—		—	++	—
P. m. inf. . . .	+	+	—	—	—	++	—
M. d	+++	++	—	—	—	++++	±
D. l	+++	++	—	—	—	++++	±
V. c.	±	+	—	—	—	±	—
vordere N. . .	++++	++	+++	+++	—	—	+++
hintere N . . .	++++	++	+++	+++	—	—	+++
Kleinhirn-Körnerschicht	±	+	—	—	—	—	—
Kleinhirn-Purkinje-Schicht	±	++	+++	—	—	—	—
Dentatus . . .	±	+	++	++	—	—	+
Brücke	—	+++	—	—	—	—	—
Cae	++	++	+	+	—	+	—
V s	++++	+++	++	+	+	±	—
VIII 1	+	+	++	+	—	—	—
IX	+	+	—	—	—	—	—
X	+	+	—	—	—	—	—
XI	+	+	—	—	—	—	—
XII	+++	+++	++	++	—	—	—
Untere Olive .	—	+++	+	—	—	++	±
Gigc	+++	++	++	++	—	—	—

Leber: Normale Architektur. Keine Vermehrung des Glissonschen Gewebes. Gering gefüllte Capillaren. Gut erhaltene Balken. Ausgedehnte, mittelgroße und kleine Fettropfen in den Parenchymzellen, die sich mit Sudan III orange färben. Die Intensität der Färbbarkeit wechselt. Kein mit Sudan-Schwarz färbbares Fett. Capillarendothelien nicht vermehrt. In den Parenchymzellen keine mit Masson, Feulgen-Azan oder Chromalaun Haematoxylin-Phloxin färbbaren Substanzen. In einigen Parenchymzellen sehr kleine, mit Perjodsäure schwach färbbare Tropfen.

Bauchspeicheldrüse: Entsprechend dem Alter entwickeltes Drüsengewebe. Kleine, dunkel-basophil färbbare Zellen. Im Bindegewebe gleichmäßig verteilte Zellen, in denen ausgedehnte, mit Masson rot färbbare Substanzen vorhanden sind. Sie sind diffus und körnig abgelagert. Keine mit Sudan-Schwarz färbbaren Substanzen. Gleichmäßige Färbbarkeit des Bindegewebes mit Perjodsäure.

Milz: Mittelgroße, scharf abgegrenzte Follikel. Deutliche Keimzentren. Keine entzündliche Reaktion der Pulpa. Ausgedehnte, mit Masson orangegelb und mit Azan oder Feulgen-Azan blaßgelb und mit Perjodsäure rot sowie mit Kresylviolett diffus blau färbbare Ablagerungen in den vergrößerten Sinusendothelien. Keine Färbbarkeit dieser Substanzen mit Sudan-Schwarz oder Sudan III. Rötliche Färbbarkeit der abgelagerten Massen mit Chromalaun-Haematoxylin-Phloxin. Sehr kleine, gleichmäßig verteilte Körnchen, die mit Sudan III färbbar sind.

Nebenniere: Schmale Rinde. Oberflächennahe Schicht atrophisch. In der Rinde keine mit Sudan-Schwarz färbbaren Substanzen. In einigen Zellen der innersten Rindenschicht mit Perjodsäure färbbare Tropfen. Keine Ablagerungen der Substanzen, die mit Feulgen-Azan oder Feulgen färbbar sind. Markschicht gut erhalten. Zellen groß. Capillaren hyperämisch. In zahlreichen Markzellen und in Capillarendothelien der Rinde mit Masson dunkelrot färbbare Ablagerungen. In den Bindegewebszellen der Nierenkapsel sehr viele, mit Masson rot gefärbte Ablagerungen.

Niere: Normale Architektur. Größtenteils kollabierte Glomeruli. In kleinen Teilen weniger Kapselräume mit Masson rötlich färbbare feinste Eiweißtröpfchen, die sich in das Kanälchensystem fortsetzen. In den Epithelien der gewundenen Kanälchen oberflächennah feinste Ablagerungen, die auch mit Perjodsäure färbbar sind. Keine Gelbfärbung mit Feulgen-Azan. Vereinzelte, mit Sudan-Schwarz färbbare, geschädigte Epithelien der gewundenen Kanälchen. Im Bindegewebe an der Markrindengrenze mit Masson rot gefärbte intrazelluläre Ablagerungen. Staubförmig mit Sudan III färbbare Verfettung von Bindegewebszellen der Markschicht. Zunahme dieser Ablagerung bis zu den Papillen.

Muskulatur der vorderen Bauchwand und des Zwerchfells: Mittelgroße, gleichmäßig färbbare Zellen. Keine Infiltrate. Keine mit Sudan-Schwarz, nach Masson oder mit Perjodsäure färbbare Ablagerungen.

Lendenwirbelkörper: Sehr dichte Knochenstruktur. Keine Umbauzonen. Keine Osteoporose.

Rippen: Gleichfalls sehr dichte Knochenstruktur mit regelmäßiger Anordnung. Im Mark keine Speichervorgänge.

IV. Lokalisation der Veränderungen

Das **Z. N. S.** bei der **Pf.-H.-Kr.** ist oft untersucht worden (Josephy, Tuthill, Ashby, Stewart und Watkin, Kny, Green, Spielmeyer, Nisbet und Cupit, Marie, Marchand, Borch, Laroche und Foncin, De Lange, Schmidt, Strauss, Reilly und Lindlay, Nagle, Weidenmüller, Knabbe, Diezel).

Im **Z. N. S.** steht im Vordergrund die Ablagerung der als Ganglioside differenzierten Lipoide. Eine geringere Rolle spielen die Mukopolysaccharide, deren Nachweisbarkeit von ihrer Konzentration abhängig ist. Es handelt sich also um keine einheitliche Substanz (Nisbet und Cupit). Die Herkunft der abnormen Stoffwechselprodukte ist bisher unbekannt. Auch der dabei eintretende Einfluß auf den Eiweißstoffwechsel der *Nz* wurde bisher nicht beachtet, obgleich bei allen Ablagerungsvorgängen im Körper stets eine Eiweißgrundlage vorhanden ist und speziell die *Nz* sehr stark vergrößert werden.

Die Lipoide schädigen die Ganglienzellen und führen auf verschiedene Weise zum Zelluntergang. Erst hierdurch entstehen, besonders in der Großhirnrinde, zellfreie Bezirke und vereinzelt eine Zunahme von Gliazellen. Die zellfreien Bezirke sind erheblich größer und zahlreicher, als sie normalerweise gelegentlich vorkommen können. Da bisher bei Neugeborenen keine **Pf.-H.-Kr.**

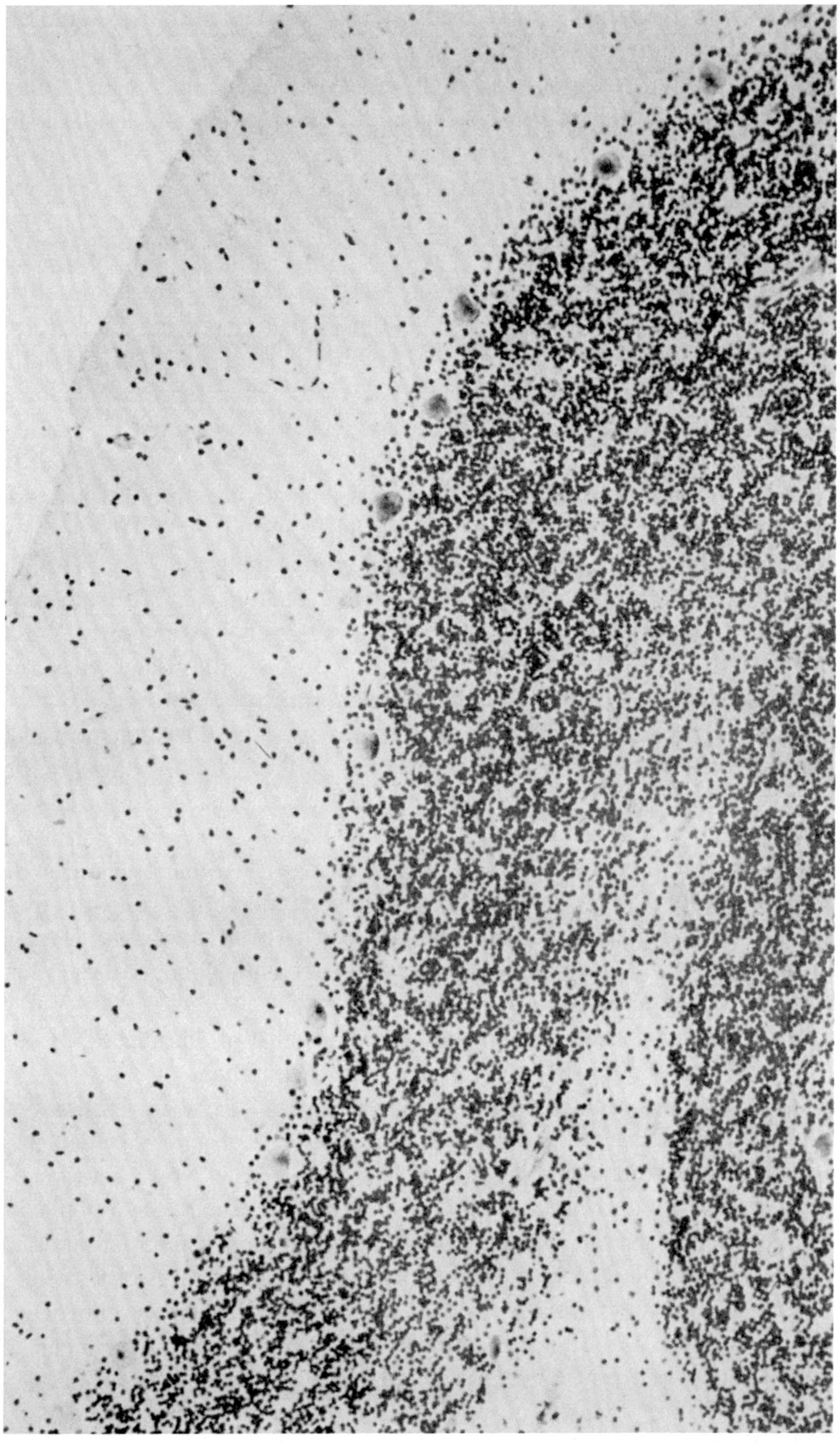

Abb. 1: Kleinhirnrinde. Färbung mit Kresylviolett. Vergrößerung 150:1 — Ph. 30645.

jedoch eine amaurotische Idiotie beobachtet wurde, muß angenommen werden, daß die Stoffwechselstörung mit der Lipoidspeicherung in den *Nz* erst postnatal stärker wird, so daß sich in der dann folgenden Zeit in zunehmendem Maße *Nz*-freie Bezirke ausgebildet haben. Hieraus erklärt sich auch, daß das Zurückbleiben der geistigen Entwicklung bzw. die Idiotie erst im Laufe der weiteren Lebensmonate oder -jahre deutlich wird. Die verschmälerte Körnerschicht im Kleinhirn ist als ein Zurückbleiben in der Entwicklung anzusehen. Sie ist in der gleichen Weise bei der amaurotischen Idiotie (Scholz, Gerhard) nachgewiesen worden. Da hier keine umschriebenen starken Speicherungen eintreten, bilden sich auch keine Lücken wie in der Großhirnrinde. Die scharfe Abgrenzbarkeit der Körnerschicht gegen das Mark unterscheidet sich wesentlich von der bei der Olivo-ponto-cerebellaren Atrophie. Bei dieser Krankheit ist außerdem das Kleinhirn fest und verkleinert, während bei der **Pf.-H.-Kr.** keine Besonderheit nachzuweisen ist. Bei der infantilen Form der amaurotischen Idiotie wurde eine Auflockerung der Grenzzone zwischen Körnerschicht und Mark beschrieben (Gerhard). Hinweise auf eine Gewebsfestigkeit fehlen jedoch. Daß die Verschmälerung der Sehrinde, die besonders arm an großen *Nz* ist, anlagemäßig bedingt ist, läßt sich nicht beweisen. Eine Lipoidspeicherung als Ursache läßt sich ausschließen. Wahrscheinlich ist die Besonderheit der Sehrinde teilweise die Folge der Sehstörung, die sich aus der Erkrankung der Augen ergibt.

Durch die Krankheit bilden sich also regressive Veränderungen aus, die das klinische Krankheitsbild beeinflussen können. Trotz der Abbauvorgänge im **Z.N.S.** entsteht jedoch kein Hydrocephalus internus. Andererseits ist mit regenerativen Vorgängen zu rechnen. Je 2 Glia-Mitosen in der Stirnrinde bzw. in der Area 4 und eine im Dentatus sowie geringe Unregelmäßigkeiten der Schichtung im Großhirn, ohne daß es zu Oberflächenanomalien gekommen ist, zeigen, daß trotz der Stoffwechselstörung das Gehirn weiter wächst. Doppelkernige *Nz* waren nicht vorhanden. Bemerkenswert ist jedoch, daß die Chromosomenzahl bei den Mitosen vermindert ist.

In dieser Hinsicht scheint zwischen den infantilen Formen der **Pf.-H.-Kr.** und der amaurotischen Idiotie kein Unterschied zu bestehen.

Obgleich die Speicherungsvorgänge große Teile des **Z.N.S.** ergriffen haben, bestehen doch Unterschiede in der Intensität der *Nz*-Befunde und der Ausbreitung. Allerdings sind in erkrankten Grisea jeweils alle *Nz*-Kollektive beteiligt. Ergänzend sei hinzugefügt, daß alle *Nz* des Griseum die Population bilden, die aus mehreren verschiedenen *Nz*-Arten, den Kollektiven, zusammengesetzt sind (Rabl). Die Lokalisation ist nicht durch bestimmte Areae, Grisea oder Subgrisea begrenzt, nimmt jedoch in der Großhirnrinde zum Occipitalpol sehr deutlich ab. Eine oro-caudale Abnahme der Veränderungen im Großhirn ist auch bei der amaurotischen Idiotie gefunden worden (Kufs, Spielmeyer, Meyer), wobei die Ausbreitung der Ablagerungen mit zunehmendem Lebensalter größer wird.

Im eigenen Fall sind am stärksten das Gebiet des *Mandelkerns* und *Ammonshorns* ergriffen. Die Area 4 ist etwas stärker als der *Stirnpol* verändert.

Demgegenüber ist im *Zwischenhirn* keine Abnahme in oro-caudaler Richtung nachweisbar. Bemerkenswert ist dabei, daß das *Corpus mamillare* eine Sonderstellung hat, d. h. ein Gebiet, das zwar entwicklungsgeschichtlich zum hinteren Hypothalamus gehört, sich aber hinsichtlich seiner späteren Reaktionsfähigkeit und Funktion von ihm unterscheidet. Im *Mittelhirn* bleiben die *Brückenkerne* frei. Der *Dentatus* ist gering verändert. Hierzu gehört auch, daß die *untere Olive* unverändert bleibt. Es ist also ein System, das andererseits bei der Olivo-ponto-cerebellaren Atrophie gemeinsam ergriffen ist und in dem dann Speichervorgänge auftreten können.

Im *Ncl. niger* und im *verlängerten Mark* sind, ebenso wie im *Zwischenhirn*, gleichstarke Ablagerungen in oralen und caudalen Abschnitten. Auf Intensitätsunterschiede zwischen den verschiedenen, dort gelegenen *Grisea* wurde schon hingewiesen.

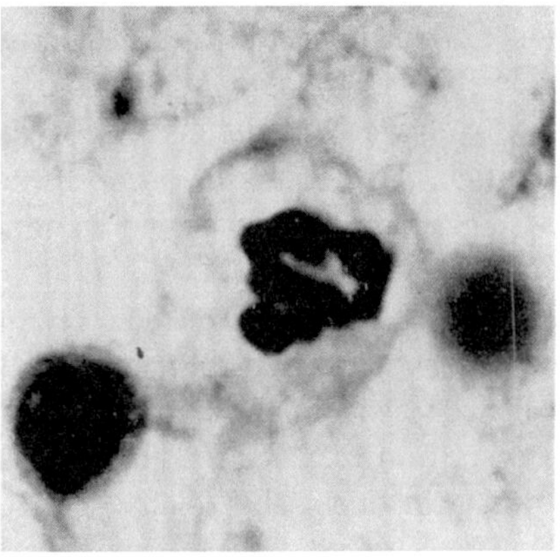

Abb. 2: Gliazell-Mitose im Dentatus. Färbung mit Kresylviolett. Vergrößerung 2000:1 -- Ph. 30875.

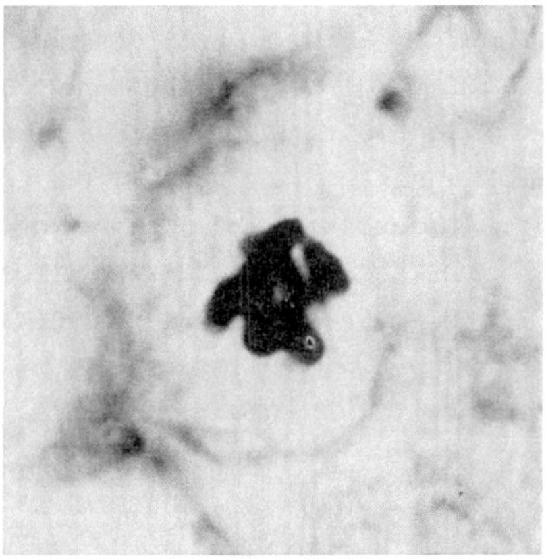

Abb. 3: Gliazell-Mitose in der Area 4. Färbung mit Kresylviolett. Vergrößerung 2000:1 -- Ph. 30874.

Das Vorkommen der Veränderungen im **Z.N.S.** ist also stärker ausgeprägt als die klinisch nachweisbaren Ausfälle. Dies gilt insbesondere auch dann, wenn in Untergang befindliche *Nz*- und *Nz*-freie Stellen berücksichtigt werden. Hieraus würde folgen, daß mit Lipoid hochgradig gespeicherte *Nz* noch funktionsfähig sein können, wie dies vergleichsweise auch für lipofuscinreiche *Nz* gilt. Dies ist verständlich, weil über die Funktion und den Stoffwechsel der Lipoide im **Z.N.S.** bisher wenig bekannt ist (Schmidt). Außerdem ergibt sich, daß für die Leistungsfähigkeit eines Griseum nicht alle *Nz* erforderlich sind. Die räumliche Ausdehnung eines Griseums wäre daher unter Berücksichtigung der darin vorhandenen *Nz* nicht immer notwendig, um seine Leistung aufrechtzuerhalten. In den klinischen Angaben sind insbesondere keine Hinweise vorhanden, die eine Zunahme neurologischer Ausfälle der Gehirnnerven zeigen, obgleich eine Progredienz des *Nz*-Untergangs nachweisbar ist. Ob das im speziellen Fall beschriebene Verteilungsmuster der Ablagerungen auch für andere Fälle von **Pf.-H.-Kr.** zutrifft, erscheint fraglich, da die *Oliven* und gelegentlich auch der *Dentalus* beteiligt sein können (Tuthill, Ashby, Kny, Green). Sogar bei einem 6 Jahre alten Kind waren noch die meisten Ganglienzellen normal (Nisbet und Cupit). Die Schädigung des **Z.N.S.** bei der **Pf.-H.-Kr.** ist daher nicht an bestimmte Bahnen gebunden, findet sich aber vermehrt in Abschnitten, die zum Zeitpunkt der Ausbildung verstärkt wachsen, also im *Schläfengebiet* der Großhirnrinde. Andererseits können große Teile der Rinde intakt bleiben (Peters).

V. Cytologie und Abbauvorgänge

Die Lipoide werden in den *Nz* grundsätzlich in der gleichen Weise abgelagert. Unterschiede bilden sich erst bei den Abbauvorgängen aus. Die mit Sudan-Schwarz färbbaren kleinen Tröpfchen bilden innerhalb der Zelle einen zusammenhängenden Komplex. Unterschiede in der Größe oder Färbbarkeit dieser Tröpfchen lassen sich nicht nachweisen, obgleich anzunehmen ist, daß sie in den *Nz* synthetisiert werden, wie dies auch für die amaurotische Idiotie angenommen wird (Sperry). Obgleich es sich um ein Lipoproteid handelt, färben sich die Tröpfchen niemals mit Chromalaun-Haematoxylin-Phloxin. Die Größe der Tröpfchen wird auch dann nicht verändert, wenn das Eiweißgerüst der Zellen darauf hinweist, daß das Maschenwerk gröber wird. Bei gleichbleibender Tröpfchengröße schwindet in späteren Fällen ihre gegenseitige Abgrenzung durch ein Eiweißgerüst. Hierin besteht also ein Unterschied gegenüber dem Abbau von Neutralfett beispielsweise in den Leberzellen (Prinz), da hierbei die Tröpfchengröße kleiner wird.

Im Laufe der Ablagerungen der Ganglioside in den *Nz* scheint sich also ihre Oberflächenspannung nicht zu ändern. Auch nach dem Auflösen der Zellmembran findet sich im restlichen Cytoplasma noch die gleiche Tropfengröße. Dagegen sind in der Umgebung, d. h. im Grundnetz, nur sehr wenige Tropfen.

Die Gliazellen speichern im allgemeinen kein Lipoid. Auf Einzelfälle von amaurotischer Idiotie mit speichernden Gliazellen, die hiermit verglichen werden müssen (Diezel, Friedrich), ist allerdings hinzuweisen. Sie scheinen nur eine sekundäre Bedeutung zu haben, obgleich bei der amaurotischen Idiotie von einer Funktionsschwäche der Glia gesprochen wird (Friedrich). Bei der **Pf.-H.-Kr.** wird nur eine geringe Gliavermehrung (Strauss) bzw. das vergrößerte Cytoplasma der Astrocyten und Oligodendrocyten (Reilly, Lindsay) angegeben. Von Gliazellen umgebene Eiweißschollen aus abgebauten *Nz* enthalten nur geringes, diffuses, mit Sudan III imbibiertes Material, keine Tröpfchen.

Auch in den intra- und extrazellulären perivaskulären Speicherungen ist sehr wenig Lipoid. Zum Vergleich mit den eigenen Befunden sei auf ein 12 Jahre altes Kind hingewiesen, bei dem eine Lipoidspeicherung um die Gefäße angegeben wurde (Marie, Marchand, Borch, Laroche, Foncin). Diese Strukturen als Reaktion des Mesenchyms auf abbaufähige Lipoide aus den anliegenden Markscheiden anzusehen (Naidow), ist nicht immer möglich. In den weichen Häuten sind auch interzellulär abgelagerte Lipoidsubstanzen nachgewiesen worden (Green und Magle).

Die Lipoide der untergegangenen *Nz* werden also scheinbar so weit verändert, daß sie histochemisch nicht immer erfaßt werden können. Daher ist es verständlich, daß bei der **Pf.-H.-Kr.** normale Serum-Lipid-Werte gefunden wurden (Schettler, Marie, Marchand, Borch, Laroche und Foncin). Auch in den Reticuloendothelien der Milz, Leber und Nebennieren sind histochemisch keine Lipoide nachweisbar. Durch die Leber und Niere scheint keine Ausscheidung zu erfolgen (Kressler und Aergerter). Ob die Fettspeicherung in den Parenchymzellen der Leber eine Folge der Gangliosiderkrankung des Nervengewebes ist, läßt sich vorläufig noch nicht sagen. Die Vergrößerung der Leber bildet sich jedenfalls erst im Laufe der Erkrankung aus, so daß ein Zusammenhang mit Abbauvorgängen möglich ist.

Diese Befunde sind verständlich, da bereits der normale Stoffwechsel der Lipoide im **Z. N. S.** ausgesprochen träge verläuft (Schmidt). Die speziellen Vorgänge bei den Gangliosiden sind noch nicht untersucht worden. Erwähnt sei vergleichsweise außerdem, daß experimentell injiziertes Sphingomyelin schnell aus der Blutbahn verschwindet.

Die Lipoide werden in den *Nz* also gleichförmig abgelagert. Die erhaltenen *Nz* haben daher weitgehend einförmige Strukturen. Sie können dazu führen, Charakteristica von *Nz*-Kollektiven zu verwischen. Dies wird in den Subgrisea des *Niger* und dem *Occulomotorius*- und *Trigeminuskern* deutlich. Spezielle Strukturen lassen sich von denen bei der amaurotischen Idiotie nicht unterscheiden.

Die Mukopolysaccharide sind dagegen diffus abgelagert im Cytoplasma nachweisbar. Die Intensität ihrer Färbbarkeit, also ihre Menge, schwankt zwischen nebeneinander gelegenen *Nz*, ohne daß sich hierfür eine spezielle Ursache nachweisen ließ. In vielen Zellen fehlt sogar die Möglichkeit eines Nachweises durch die Perjodsäurereaktion. Im Grundnetz und in den Gliazellen fehlen Mukopolysaccharide; reichlicher sind sie in diffuser und körnerartiger Form in den perivaskulären Infiltraten vorhanden. In den Sinusendothelien der Milzpulpa werden die Mukopolysaccharide sehr stark gespeichert. In den von De Lange, Kressler und Aergerter beschriebenen Fällen scheint es sich um die gleichen Befunde zu handeln. Die vergrößerten, bandartig angeordneten Zellen färben sich nicht nur mit Perjodsäure, sondern auch mit Feulgen-Azan gelb, mit Masson rotbraun und mit Kresylviolett blau. Dagegen ist in der Leber keine entsprechende Speicherung in den Capillarendothelien vorhanden. In den Kapselräumen der Glomeruli und in den Lichtungen der angrenzenden Tubuli contorti der Niere ist gleichfalls etwas Material vorhanden, das sich in den feinen Tropfen nahe der Oberfläche dieser Epithelien ablagert. Die Vergrößerung der Milz ist somit wahrscheinlich die Folge dieser Speicherungsvorgänge.

Nur am Anfang reagieren die *Nz* wie bei der amaurotischen Idiotie (C. und O. Vogt) mit einer Hypertigrose in dem nicht verfetteten, kernnahen Teil des

Cytoplasmas. Parallel damit finden sich in Nissl-substanzreichen *Nz* große Nucleoli, die der Ausdruck eines lebhaften Eiweißumsatzes sind (Felix). Die Nucleoli werden jedoch nicht nur vergrößert, sondern sind vor allem häufig schwach färbbar, gelegentlich vakuolisiert und an ihrer Oberfläche verdichtet. Mit Feulgen-Azan ist keine Gelbfärbung nachweisbar. Vergleichsweise sei angeführt, daß auch bei der amaurotischen Idiotie viele Vakuolen in den Nucleolen auftreten können (C. und O. Vogt). In späteren Stadien der **Pf.-H.-Kr.** können Vakuolen in offener Verbindung mit dem Kernraum sein. Die als Nucleolarsatelliten bezeichneten Randkörperchen können abnorme Formen haben und gleichfalls Vakuolen aufweisen. Vielfach finden sie sich nicht nur am Rand der Nucleolen, sondern auch in der Nähe der Kernmembran. Daher muß auf vergleichbare Befunde nach Axon-Durchtrennung am Hypoglossuskern weiblicher Katzen (Crouch und Barr) hingewiesen werden. Es handelt sich also um abnorm starke Reaktionen, da auch normale Randkörperchen nicht unverändert am Nucleolus zu liegen brauchen (Beheim). Eine entsprechende Umwandlung grober Randkörperchen in feinere Körnchen wurde bei einer Volumenzunahme von *Nz* beobachtet (Klatzo), so daß auch dieser Befund keine pathogenetische Bedeutung für die **Pf.-H.-Kr.** hat, aber als besondere Reaktion bewertet werden muß. Als Zwischenstadium sind die Vakuolisierungen der Randkörperchen anzusehen. Sie sind aber offensichtlich von der Zellgröße und der Menge der Nissl-Substanz abhängig. Auch hier findet sich eine Parallele zur amaurotischen Idiotie, bei der die Randkörperchen nicht verändert zu sein brauchen (Balthasar). Als Folgen der Umwandlungen von Randkörperchen finden sich an der Kernmembran liegende Chromozentren, die als untergegangene Nucleoli gedeutet wurden (Klatzo, Beheim).

Membranfaltungen an den Kernoberflächen ließen sich nicht nachweisen. Da sie bei einem Schwund der Randkörperchen zunehmen (Klatzo), muß hierauf hingewiesen werden.

Außerhalb des Nucleolus sind im Kern gelegentlich kurze, stabartige Gebilde vorhanden, deren Oberfläche verdichtet ist und die auch kleinere dichtere Körperchen haben. Sie sind bedeutend dünner als Chromosomen, so daß sie nicht als Chromosomenbruchstücke angesehen werden. Vergleichbare Strukturen wurden in verschiedenen *Nz* ohne Speicherungsvorgänge beobachtet (v. Buttlar-Brentano, Beheim). Für die **Pf.-H.-Kr.** können sie also unberücksichtigt bleiben. Im Cytoplasma einiger melaninhaltiger Caeruleuszellen waren mit Kresylviolett dunkelblau und mit Masson-Färbung rötliche Tropfen vorhanden, über deren Herkunft nichts ausgesagt werden kann. Sie sind weder in der Form noch Intensität charakteristisch für **Pf.-H.-Kr.** Mit Kernveränderungen scheinen sie nichts zu tun zu haben. Mit den von Beheim bei einem 6 Jahre alten Kind mit einer juvenilen amaurotischen Idiotie beschriebenen Schollen sind sie nicht identisch. Das gleiche gilt für die scholligen Cytoplasmaeinschlüsse in Nigerzellen bei der amaurotischen Idiotie.

Abbauvorgänge von *Nz* sind an zahlreichen Stellen des **Z.N.S.** nachweisbar. Dabei werden Kerne und Cytoplasma der *Nz* schwächer färbbar. Die Nucleoli zeigen eine gleichmäßige schwache Färbbarkeit. Randkörperchen sind

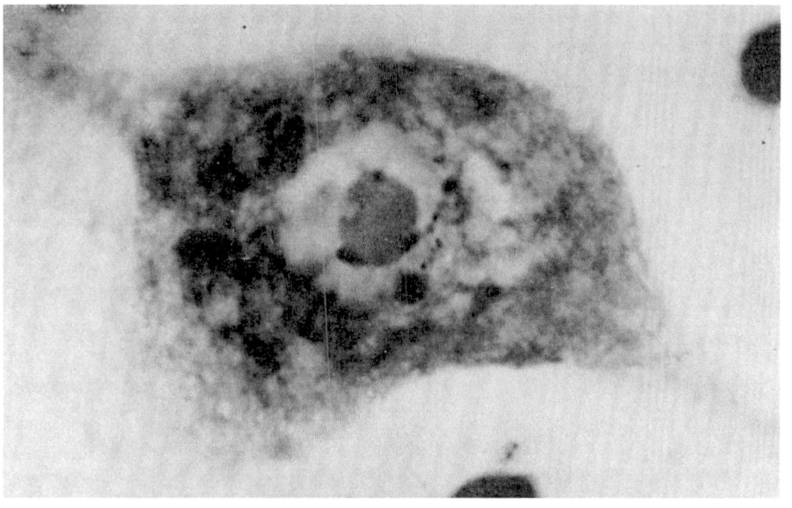

Abb. 4

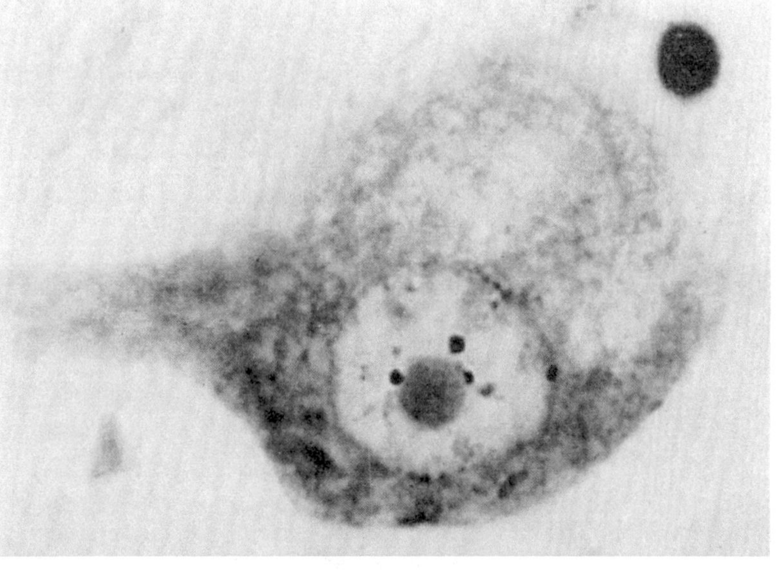

Abb. 5

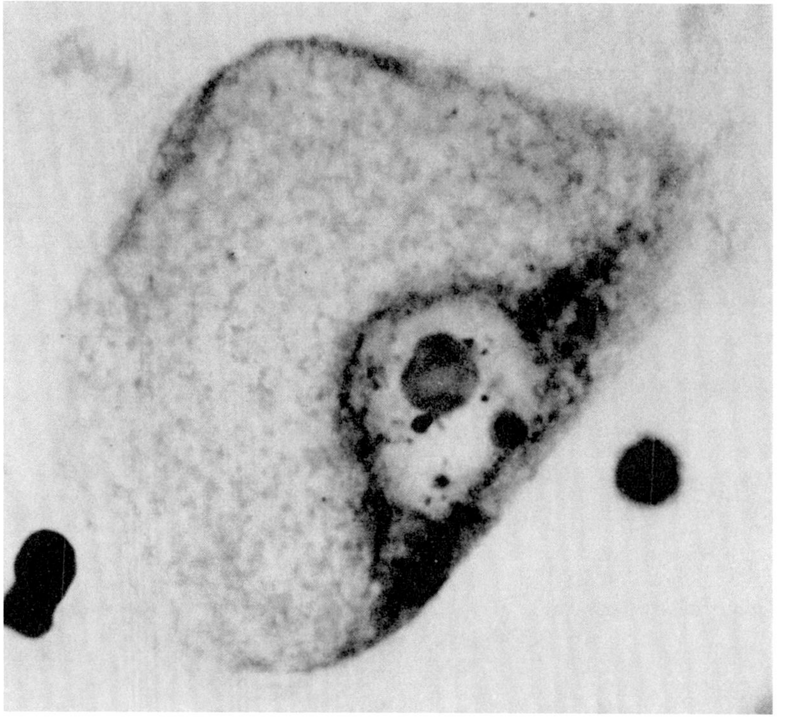

Abb. 6

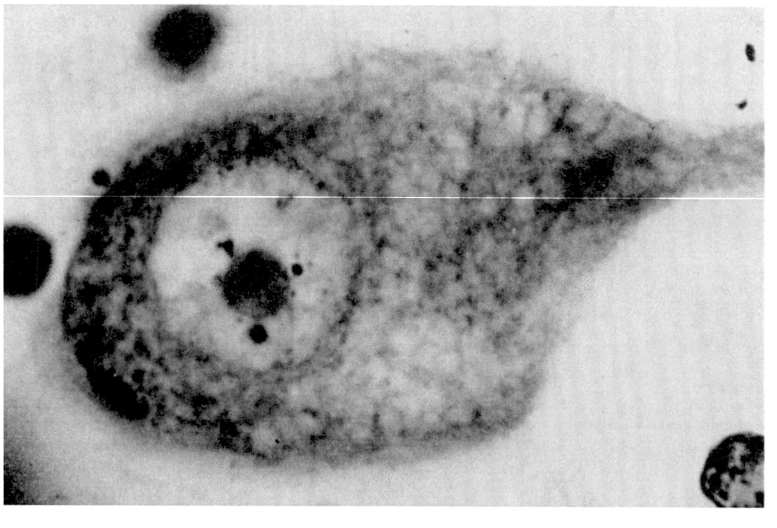

Abb. 7

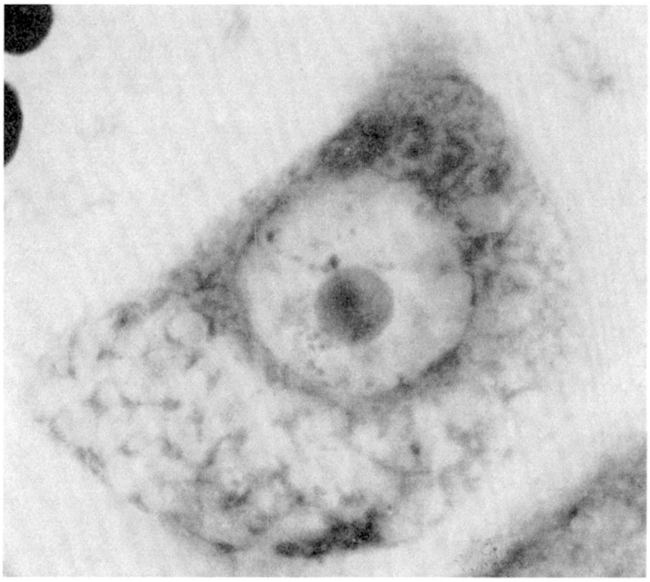

Abb. 8

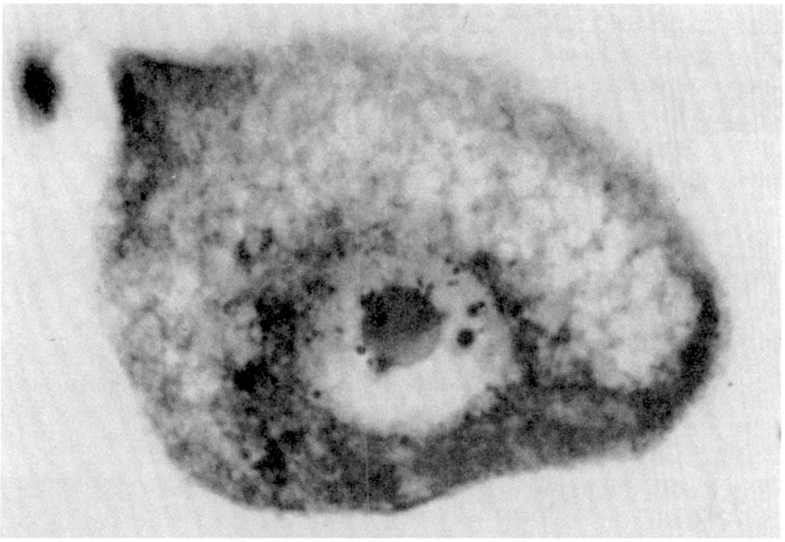

Abb. 9

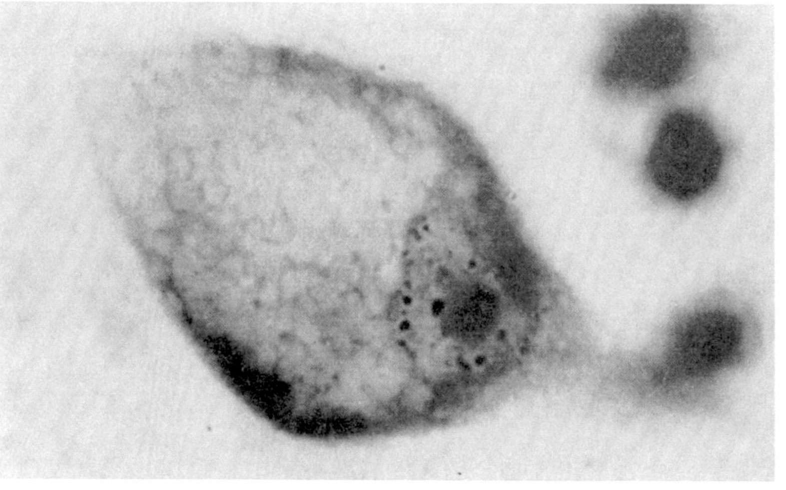

Abb. 10

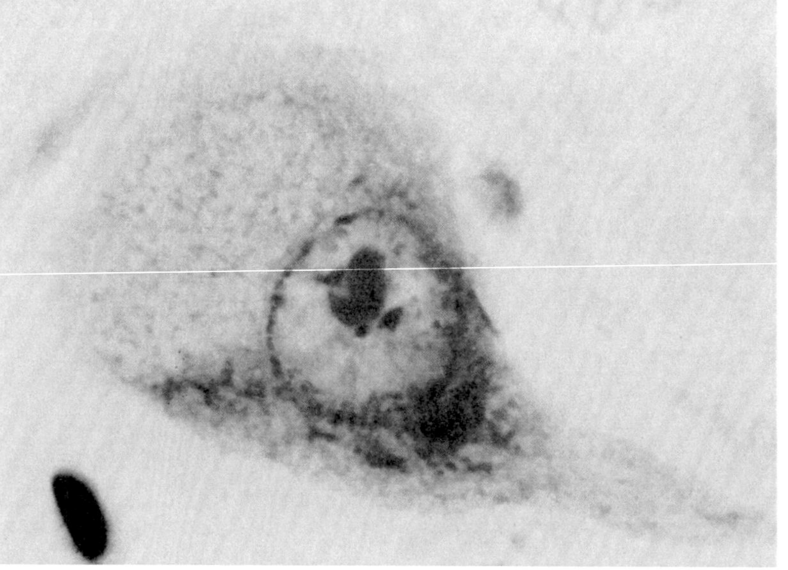

Abb. 11

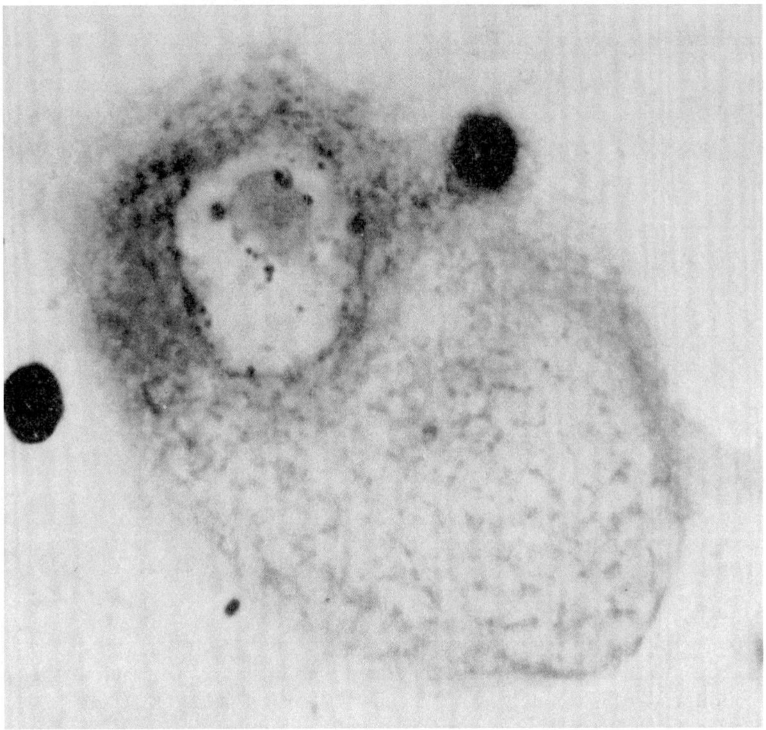

Abb. 12

Abb. 4—12. Lipoidspeicherung im oralen Teil des sensiblen Trigeminuskerns. Vergrößerung und Vakuolisierung des Nucleolus. Vergrößerung und Verlagerung der Nucleolen. Färbung mit Kresylviolett. Vergrößerung 2000:1. — Abb. 4 Ph. 30048, Abb. 5 Ph. 30058, Abb. 6 Ph. 30049, Abb. 7 Ph. 30053, Abb. 8 Ph. 30052, Abb. 9 Ph. 30056, Abb. 10 Ph 30050, Abb. 11 Ph. 30060, Abb. 12 Ph. 30055.

kaum vorhanden. Kern- und Cytoplasmamembran werden undeutlich. Nissl-Schollen fehlen. Anschließend wird peripheres Cytoplasma aufgelöst und gelangt diffus ins Grundnetz, das dadurch verdichtet wird. Dagegen kommt es nicht zum Abschnüren veränderter Cytoplasmateile unter Erhaltenbleiben der Restzelle, wie dies bei anderweitig geschädigten *Nz* vorkommt (Beheim). Besonders deutlich waren diese Vorgänge im vorderen und hinteren *N*, auf die auch bei der amaurotischen Idiotie hingewiesen worden ist (Friedrich). In den gleichen Gebieten sind dann mit Kresylviolett stärker färbbare sternförmige Strukturen nachweisbar. Ihre Dichte nimmt beim Kleinerwerden zu. Erst in diesem Stadium finden sich von allen Seiten gleichmäßig das Gebiet umgrenzende Gliazellen. Zum Schluß sind noch stärker färbbare Eiweißschollen vorhanden, die dicht von Gliazellen umsäumt werden. Sie färben sich mit Kresylviolett dunkelblau, mit Masson bräunlich und andeutungsweise diffus mit Sudan III, dagegen nicht mit Chromalaun-Haematoxylin-Phloxin und Feulgen-Azan. In Abschnitten eines starken Abbaus von *Nz* sind dichte perivaskuläre Infiltrate und Eiweißdurchtränkungen. Sie sind vorwiegend um größere Gefäße. Die angrenzenden weichen Hirnhäute zeigen dieselben Be-

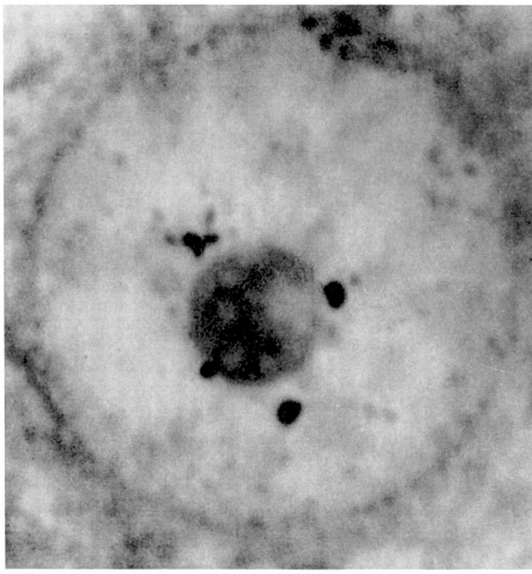

Abb. 13. Oraler Teil des sensiblen Trigeminuskerns. Kernstrukturen. Regelmäßige Gitterbildung der Kernmenbran. Vakuolisierung des Nucleolus. Färbung mit Kresylviolett. Vergrößerung 4000:1 — Ph 30 051.

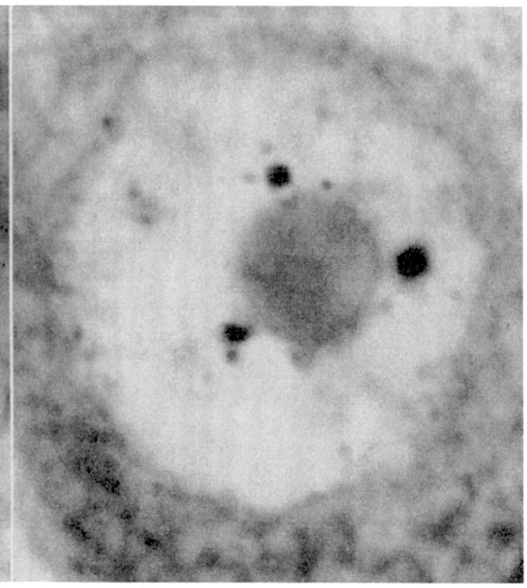

Abb. 14: Oraler Teil des sensiblen Trigeminuskerns. Unregelmäßige Gitterbildung mit Lückenbildungen in der Kernmembran. Vakuolisierung des Nucleolus. Färbung mit Kresylviolett. Vergrößerung 4000:1 — Ph 30 050.

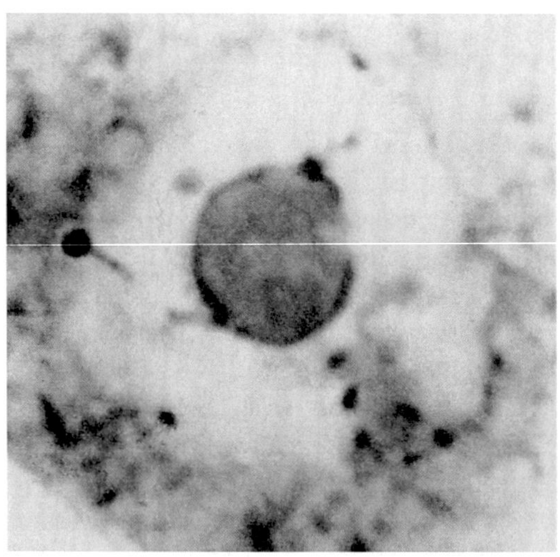

Abb. 15: Oraler Teil des sensiblen Trigeminuskerns. Kernstrukturen. Verdichtung der Nucleolusoberfläche. Unregelmäßige Gitterbildung mit Verdichtungen der Kernmembran. Stäbchenförmige Einlagerungen im Kern. Vakuolisierung des Nucleolus. Färbung mit Kresylviolett. Vergrößerung 4000:1 — Ph. 30 054.

funde. Das Gehirngewebe wird perivaskulär atrophisch. Die Infiltrate sind daher als proliferative Reize anzusehen, die den Paraproteinosen vergleichbar sind. Analog wie bei austretendem Serum ist das Gefäßbindegewebe und die angrenzende Glia beteiligt. Nach den bisherigen Befunden scheinen sie bei kleinen Kindern stärker als bei älteren aufzutreten (Gasser, Nisbet und Cupit, Naidoo). Diese Vorgänge würden also wie bei der amaurotischen Idiotie der Ausdruck für die Stärke der Progredienz der Krankheit sein.

Die von Glia umgebenen Eiweißschollen im Gewebe sind von analogen Strukturen bei der amaurotischen Idiotie (Friedrich) nicht zu unterscheiden. Nur an wenigen Stellen besteht der Verdacht auf eine Fasergliose. Entmarkungsherde wurden nur bei einem 12 Jahre alten Kinde nachgewiesen (Marie, Marchand, Borch, Laroche, Foncin). Auch bei den juvenilen Formen der amaurotischen Idiotie nehmen nicht immer die Markfasern ab. Corpora amylacea als ein Ausdruck von Abbauvorgängen sind nur bei Kleinhirnschäden der amaurotischen Idiotie mitgeteilt worden (Gerhard).

Als Ausdruck der Abbauvorgänge und der hiermit im Zusammenhang stehenden Eiweißausschwemmung, die an den Speicherungsvorgängen um die Gefäße des Zentralnervensystems sowie in Milz und Leber zu sehen sind, sind scheinbar die Klappenverdickungen im Herzen zu deuten. Das Bindegewebe dieser Stellen verquillt nämlich und wird schließlich hyalinisiert, ist aber weder verfettet, noch zeigt es Eiweißspeicherungen (A. und V. Giampalmo, Strauss, Kressler und Aergerter, Nisbet und Cupit). Die Herzklappenverdickungen können also durch die Allergie hervorgerufen sein.

Die cytologischen Befunde im **Z.N.S.** bei der **Pf.-H.-Kr.** zeigen, daß sich seine Strukturen von denen bei der amaurotischen Idiotie nur durch die chemische Konstitution der abgelagerten Substanzen unterscheiden. Die Ausdrucksform der *Nz* ist in dieser Hinsicht also begrenzt. Sie wird demnach nicht durch die bei diesen Krankheiten abgelagerten Substanzen beeinflußt.

Zusammenfassung

Bei der **Pf.-H.-Kr.** ist im **Z.N.S.** die Extension der Veränderungen, d. h. die Anzahl der befallenen *Nz* in Histiosystemen bei Kollektiven kleiner und großer *Nz* gleich stark ausgeprägt. Daher können viele *Nz*-Kollektive ergriffen werden. Ihre Empfänglichkeit ist während des Wachstums verstärkt, so daß die infantilen Krankheitsformen schneller als die juvenilen verlaufen und Unterschiede der Lokalisation im **Z.N.S.** entstehen können. Die Intensität der Veränderungen, d. h. der Prozentsatz der untergehenden *Nz*, ist vom Eiweißstoffwechsel abhängig. Er wird durch die Größe der Nissl-Substanz beeinflußt und ist an der Struktur der Nucleoli und ihrer Randkörperchen erkennbar. Durch diese Faktoren wird die Penetranz der Stoffwechselstörung beeinflußt. Ob daher als Folgen von Stoffwechselstörungen mengenmäßige Verschiebungen der *Nz*-Kollektive gegeneinander entstehen, deren Gemeinschaft erst die *Nz*-Population eines Histiosystems bildet, läßt sich vorläufig noch nicht entscheiden.

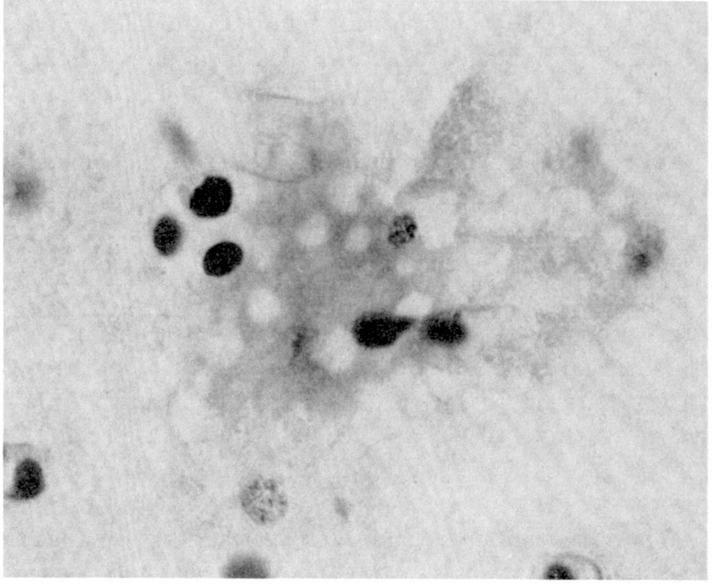

Abb. 16: Hinterer Niger. Kernförmige Eiweißmassen im Grundnetz nach *Nz*-Auflösung. Beginnende Gliazellansammlung. Färbung mit Kresylviolett. Vergrößerung 1000:1 — Ph. 30877.

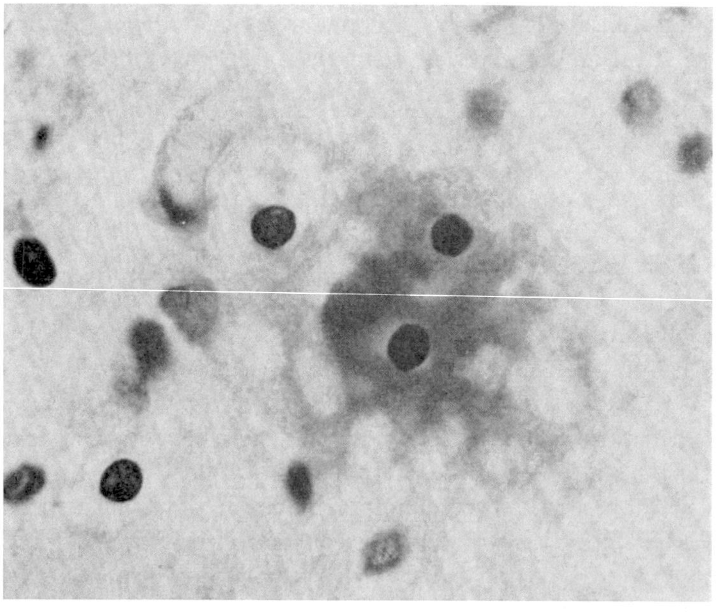

Abb. 17: Hinterer Niger. Verdichtete Eiweißmassen im Grundnetz nach *Nz*-Auflösung. Beginnende Gliazellansammlung. Färbung mit Kresylviolett. Vergrößerung 1000:1 — Ph. 30876.

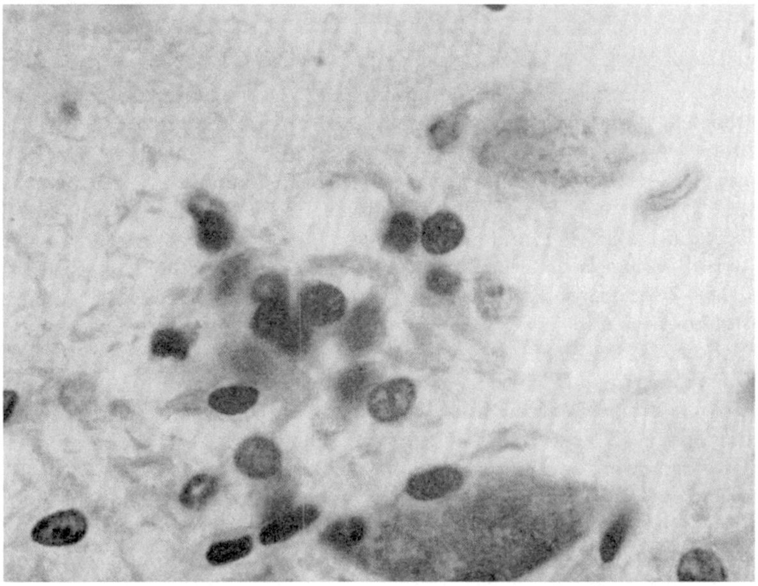

Abb. 18: Vorderer Niger. Beginnende Eiweißschollenbildung mit dichter Abgrenzung durch Gliazellen. In der Umgebung verfettete *Nz*. Färbung mit Kresylviolett. Vergrößerung 1000:1 — Ph. 30873.

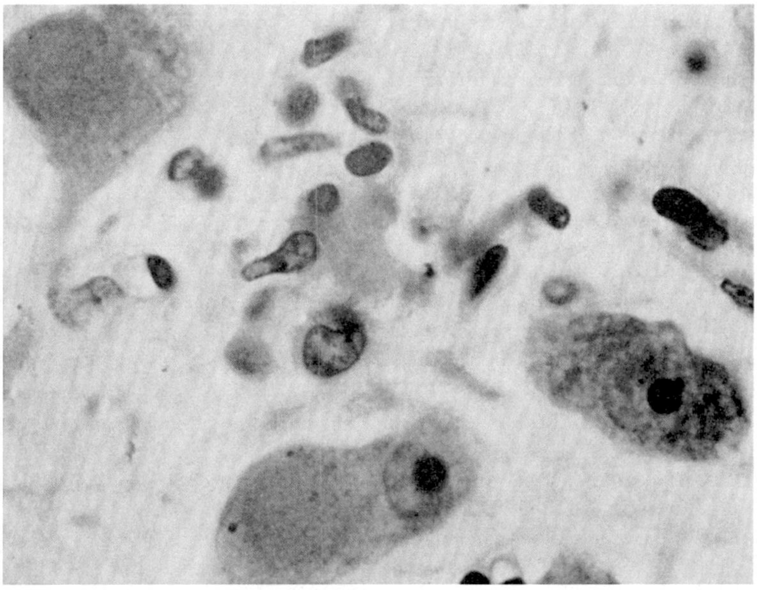

Abb. 19: Vorderer Niger. Eiweißschollen von Gliazellen durchsetzt. Färbung mit Kresylviolett. Vergrößerung 1000:1 — Ph. 30872.

Literaturverzeichnis

1. Ashby, W. R., R. M. Stewart and J. H. Watkin, Brain **60**, 149 (1937). — 2. Balthasar, K., Lebensgeschichte der vier größten Pyramidenzellarten in der V. Schicht der menschlichen Area gigantopyramidalis. J. Hirnforschung. Bd. 1, H. 4/5 (1954). — 3. Beheim-Schwarzbach, D., Lebensgeschichte der melaninhaltigen Nervenzellen des Nucleus coeruleus unter normalen und pathologenen Bedingungen. J. Hirnforschg. Bd. 1, H. 1/2, S. 62 (1954). — 4. Dies., Morphologische Beobachtungen an Nervenzellkernen. J. Hirnforschg. Bd. 2, H. 1, S. 1 (1955). — Dies., Weitere Beobachtungen an Nervenzellkernen. J. Hirnforschg. Bd. 3, H. 2/3, S. 105 (1957). — 6. Benda, Zit. nach Friedrich. — 7. v. Buttlar-Brentano, K., Zur Lebensgeschichte des Nucleus basalis, tuberomammillaris, supraopticus und paraventricularis unter normalen und pathogenen Bedingungen. J. Hirnforschg. Bd. 1, H. 4/5 (1954), S. 337. — 8. Chorémis, B., B. Constantinidès, V. Kyriakidès, D. Yannakos et Joannidès, Quatre cas de polydystrophie de Hurler, Arch. franz. Pédiatr. **10**, 587 (1953). — 9. Clara, R. et L. Thys, La lipochondrodystrophie. J. belge Radiol. **32**, 230 (1949). — 10. De Lange, C., Pathologic anatomy of gargoylism. Psychiatr. Bl. (holl.) **46**, 2 (1942). — 11. Diezel, P. B., Histochemische Untersuchungen an primären Lipoidosen: Amaurotische Idiotie, Gargoylismus, Niemann-Pick'sche Krankheit usw. Virch. Arch., **326**, 89 (1954). — 12. Friedrich, G., Familiäre amaurotische Idiotie. Hdb. spez. pathol. Anat. u. Histol. XIII. Bd.: Nervensystem, l. Teil. Berlin-Göttingen-Heidelberg: Springer (1957/58). — 13. Gerhard, L., Gestaltung und Verteilung von Kleinhirnveränderungen bei amaurotischer Idiotie. J. Hirnforschg. Bd. 2, H. 2/3, S. 156 (1956). — 14. Giampalmo, A. e V. Giampalmo, Studio della malattia di Hurler. Usw. Arch. „E. maragliano" Pat. **6**, 1—120 (1951). — 15. Green, M. A., J. of Neuropath. **7**, 399 (1948). — 16. Green u. Magee, Zit. nach Friedrich. — 16b. Josephy, H., Zit. nach Friedrich. — 17. Klatzo, I., Über das Verhalten des Nucleolarapparates in den menschlichen Pallidumzellen. J. Hirnforschg., Bd. **1**, H. **1/2**, S. 47 (1954). — 18. Kny, W., Z. Kinderheilk., **63**, 366 (1943). — 19. Kressler, R. J. u. E. E. Aegerter, J. Pediatr. **12**, 579 (1938). — 20. Kufs, H., Zit. nach Friedrich. — 21. Marie, J., L. Marchand, J. Borel, J. Laroche et J.-F. Foncin, Considérations anatomo-cliniques sur la polydystrophie de Hurler (Gargoylisme). A propos d'un cas. Encéphale (Paris) **44**, 201 (1955). — 22. McKusick, V. A., Heritable disorders of connective tissue. VII. The Hurler syndrome. J. Chronic. Dis. **3**, 360 (1956). — 23. Merliss und Reisser, Zit. nach Peters. — 24. Meyer, A., Zit. nach Friedrich. — 25. Naidoo, D., Gargoylism (Hurler's didease): a neuropathological report. J. Ment. Sci. **99**, 74—83 (1953). — 26. Nisbet, N. W. and B. F. Cupit, Gargoylism. Report of a case. Brit. J. Surg. **41**, 404 (1954). — 27. Olszewski, J., Über die Gestaltung der Randkörperchen der Nucleoli einiger menschlicher Nervenzellarten. J. Hirnforschg. Bd. 1, H. 3, S. 206 (1954). — 28. Peters, G., Stoffffwechselstörungen und Zentralnervensystem. Dtsch. Z. Nervenheilk. **169**, S. 446—478 (1953). — 29. Prinz, F., Über den gestaltlichen Abbau großer Fetttropfen in Leberzellen. Virch. Arch. **331**, 616 (1958). — 30. Smith, E. B., Zit. nach Friedrich. — 31. Schettler, G., Erkrankungen durch Änderung des Lipoidstoffwechsels. Regensb. Jb. **5**, S. 493 (1957). — 32. Schmidt, C. G., Gehirn und Nerven. Physiologische Chemie. II/2a. Berlin-Göttingen-Heidelberg: Springer (1956). — 33. Scholz, W., Hdb. spez. Pathol. u. Anat. Bd. XIII, S. 51. Berlin-Göttingen-Heidelberg: Springer (1957). — 34. Spielmeyer, W., Klin. Wschr. **12**, 1273 (1933). — 35. Strauss, L., The pathology of gargoylism. Report of a case and review of the literature. Amer. J. Path. **24**, 855 (1948). — 36. Tuthill, C. R., Arch. of Neurol. **32**, 198 (1934). — 37. Ule, G., Über die zentralen Kleinhirnkerne als möglichen Ursprungsort der Kletterfasern. Z. Zellforschg. **46**, 286—316 (1957). — 38. Vogt, C. u. O.: Ätiologie und Krankheitsbild. Klin. Wschr. 1947, S. 609—39. Dies.: Lebensgeschichte, Funktion und Tätigkeitsregulierung des Nucleolus. Ärzt. Forschg., H. 1, S. 8 (1947), II. Teil, H. 2/3, S. 43 (1947). — 40. Dies.: Gestaltung der topistischen Hirnforschung und ihre Förderung durch den Hirnbau und seine Anomalie. J. Hirnforschg., Bd. 1, H. 1/2, S. 30 u. 36 (1954).

Aus dem Pathologischen Universitätsinstitut, Leipzig
(ehemal. Direktor: Prof. Dr. med. H. Bredt)
und dem Institut für Hirnforschung und allgemeine Biologie, Neustadt/Schwarzwald
(Direktor: Prof. Dr. med. O. Vogt)

Besteht eine Korrelation zwischen dem Nervenzellausfall und den Schwundzellveränderungen bei der Katatonie?

Von

K.-J. Hempel und Werner M. Treff

Mit 2 Abbildungen im Text

In unseren Ausführungen über die Zelldichte bei Schizophrenen und klinisch Gesunden (W. M. Treff und K.-J. Hempel 1958) vermuteten wir unter anderem, daß die Schwere der pathologischen Zellveränderungen mit der Stärke des Nervenzellausfalles einhergehen müsse. Da uns über die Schwere der pathologischen Zellveränderungen noch keine quantitativen Ergebnisse vorlagen, war ein Vergleich der Stärke des Zellausfalles nur mit dem qualitativen Gesamteindruck (K.-J. Hempel 1958) der pathologischen Befunde möglich (s. auch dieses Journal Bd. 4, Seite 362/363).

Da zu einem späteren Zeitpunkt Einzelheiten unserer quantitativen Untersuchungen über pathologische Zellveränderungen veröffentlicht werden sollen, wollen wir an dieser Stelle lediglich zur Frage der Korrelation zwischen dem Nervenzellausfall und den Schwundzellveränderungen bei der Katatonie Stellung nehmen.

Wir verwenden hierfür die Durchschnittswerte der Schwundzellveränderungen von 5 untersuchten Nuclei 5 katatoner Erkrankungsfälle.

Wenn auch jeder Fall unterschiedlich stark erkrankt ist und jeder Nucleus und die ihn aufbauenden Nervenzellarten ihre eigene Pathoklise besitzen, so soll hier lediglich festgestellt werden, ob aus der Stärke des Nervenzellausfalles ein Rückschluß auf die Schwere der pathologischen Zellveränderungen erlaubt ist.

Zellausfall und Schwundzellveränderungen

Die Zelldichte der einzelnen Nuclei im medio-dorsalen Thalamuskern war bei den klinisch Gesunden innerhalb einer individuellen Schwankungsbreite reproduzierbar und damit auch charakteristisch. Vergleichen wir diese Zelldichten der Nuclei Gesunder mit denen bei kataton Erkrankten, so fällt eine unterschiedliche Zellverminderung bei letzteren auf. Um diesen Zellausfall quantitativ zu erfassen, setzten wir den klinisch gesunden Durchschnittswert der Zelldichten der verschiedenen Nuclei gleich 100% und konnten somit den Zellausfall im Erkrankungsfalle in Prozenten angeben.

Im Rahmen der pathologischen Zellveränderungen bei der Katatonie tritt die Schwundzellveränderung mengenmäßig besonders hervor. Deshalb liegt der Schluß nahe, die Zellausfälle vor allem auf diesen Prozeß zu beziehen.

Die Schwundzellveränderungen unterteilen wir in drei Unterformen (K.-J. Hempel 1958). Diese umfassen alle vorhandenen Zustandsbilder von der gesunden Zelle bis zur „typischen Schwundzelle". Da zur Entstehung letzterer sämtliche Stadien durchlaufen werden müssen, erscheint uns eine Zusammenfassung unter dem Oberbegriff „Schwundzellveränderung" berechtigt.

Die α-Form umfaßt Zellen ohne pathologische Zellveränderungen und solche, bei denen das Zellplasma und die Nissl-Substanz nur wenig reduziert sind. Sie kommen auch bei anderen Erkrankungen des Gehirns vor. (Zustandsbild I und II von Bäumer; Normalzellen nach E. W. Fünfgeld.)

Unter der β-Form ordnen wir alle diejenigen Zellen ein, die ein stark verfettetes Zellplasma besitzen und deren Kern-Plasmarelation zugunsten des Kernes verschoben ist. Die Nissl-Substanz ist schon weitestgehend geschwunden. (Zustandsbild III nach Bäumer; Übergangsform nach E. W. Fünfgeld.) Auf die Möglichkeit einer Restitutio ad integrum dieses Stadiums der Schwundzellveränderungen wurde schon früher von K.-J. Hempel hingewiesen.

Die γ-Form ist nun die eigentliche Schwundzelle. Das verfettete Zellplasma kann sich bis zu dessen fast völligem Schwund reduzieren, und die Zellgrenzen sind sehr unscharf gezogen. Der Zellkern dagegen ist noch lange gut gezeichnet (Zustandsbild IV—VII von Bäumer; Schwundzelle nach E. W. Fünfgeld).

Statistische Methode[1])

Zur Beurteilung des Zusammenhanges zwischen zwei Beobachtungsreihen bedient man sich des Korrelationskoeffizienten r. Dieser Koeffizient wird durch die Formel (1) $r = \sqrt{B}$ dargestellt. B bedeutet hierin das Bestimmtheitsmaß, welches durch die Formel

$$(2) \qquad B = \frac{s_{xy}^2}{s_y^2 \cdot s_x^2}$$

ausgedrückt wird.

[1] Sämtliche Formeln sind dem „Grundriß der biologischen Statistik" von E. Weber entnommen.

(2a)
$$s_{xy} = \frac{\sum x_i y_i - \frac{\sum y_i \sum x_i}{N}}{N-1}$$

Hierin bedeutet:

(2b)
$$s_x^2 = \frac{\sum x_i^2 - \frac{(\sum x_i)^2}{N}}{N-1}$$

(2c)
$$s_y^2 = \frac{\sum y_i^2 - \frac{(\sum y_i)^2}{N}}{N-1}$$

In den obigen Formeln entspricht bei unseren vorliegenden Untersuchungen:

x_i dem prozentualen Zellverlust des gefundenen einzelnen Wertepaares,

y_i dem prozentualen Anteil an α-, β- oder γ-Formen der Schwundzellveränderungen des einzelnen Wertepaares,

$x_i \cdot y_i$ dem Produkt der jeweils gefundenen Wertepaare vom prozentualen Zellausfall und zugehörigem prozentualen Gehalt an α-, β- oder γ-Formen,

N der Anzahl der Wertepaare der Beobachtungsreihe.[1])

Wenn der Korrelationskoeffizient r errechnet ist, können folgende Möglichkeiten vorliegen:

Bei $r = +1$ besteht eine vollständige lineare Abhängigkeit, wobei mit wachsendem x (prozentuale Zellabnahme) auch das y (prozentualer Anteil der jeweiligen Schwundzellformen) zunimmt.
Bei $r = -1$ liegt ebenfalls vollständige lineare Abhängigkeit vor, doch entspricht dem Wachsen von x eine Abnahme von y.
Ist $r = 0$, so ist zwischen den Variablen (prozentualer Zellausfall und prozentualer Gehalt an Schwundzellformen) keinerlei Abhängigkeit zu finden. D. h., es besteht keine Korrelation.

Wenn wir im vorliegenden Falle eine bestehende Korrelation bestätigen wollen, müssen wir prüfen, daß die gefundenen Korrelationskoeffizienten signifikant vom O-Wert entfernt sind. Ob eine solche Signifikanz vorliegt, läßt sich in der Kollerschen Tabelle (s. E. Weber) ablesen.

Man kann eine lineare Korrelation in einer „Beziehungsgeraden" (Weber) darstellen. Diese wird allgemein nach Galton in der Statistik als „Regressionsgerade" bezeichnet. Auf diese Gerade kommen bei genügend großem Material alle Durchschnittswerte der verglichenen Variablen (x_i und y_i) zu liegen.

Mathematisch gesehen ist diese Funktion von zwei Variablen abhängig. Sachlich jedoch ist im vorliegenden Material nur der Zellausfall (x_i) abhängig von der Stärke der Schwundzellveränderungen (y_i). Somit haben wir also nur die Beziehungsgerade zu berechnen, die diese Abhängigkeit wiedergibt. Zur Berechnung dieser Regressionslinie ist der Regressionskoeffizient b zu er-

[1]) Ein Wertepaar besteht hier aus dem gefundenen prozent. Zellverlust und dem dazu beobachteten prozentualen Anteil an α-, β- oder γ-Formen der Schwundzellveränderungen.

mitteln. Er wird durch die Formel

$$(3) \qquad b = \frac{\sum x_i y_i - \frac{\sum x_i \sum y_i}{N}}{\sum y_i^2 - \frac{(\sum y_i)^2}{N}}$$

ausgedrückt. x_i, y_i und N haben die oben angegebene Bedeutung (2).

Durch ihn erhält man den Neigungswinkel ($b = \operatorname{tg} \alpha$) der Beziehungsgeraden im Koordinatensystem, die dann im Punktschwarm der einzelnen beobachteten Werte liegt.

Die Korrelation zwischen Nervenzellausfall und Schwundzellveränderungen

In der **Abb. 1** haben wir die Beziehungsgeraden, die aus dem prozentualen Anteil der α-, β- und γ-Formen der Schwundzellveränderungen und dem prozentualen Nervenzellausfall errechnet werden konnten, graphisch dargestellt.

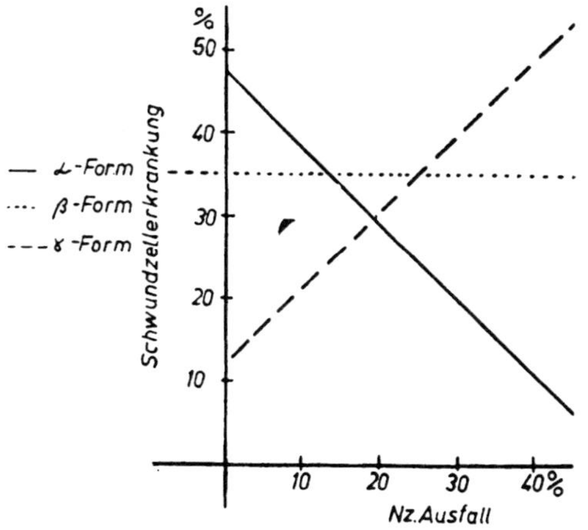

Abb. 1. Die Beziehungsgeraden für die Schwundzellerkrankungen (%) und Nervenzellausfall (%). Erläuterungen siehe Text.

Da die γ-Form die typische Schwundzelle umfaßt, und wir bei einer derartig stark veränderten Zelle keine Restitution mehr erwarten, muß sie somit im Zusammenhang mit dem Nervenzellausfall stehen. Diese Tatsache kommt eindeutig zum Ausdruck durch den errechneten Korrelationskoeffizienten, der 0,932 beträgt. Da derselbe sehr nahe an + 1,0 liegt, kann die Korrelation auch entsprechend der Koller-schen Tabelle als gut gesichert angesehen werden. In dem bei unserem Material vorliegenden Bereich (bis zu 50% γ-Formen im untersuchten Gebiet) muß also zwischen der Anzahl der γ-Formen und dem dabei festgestellten Nervenzellausfall eine lineare Korrelation angenommen werden.

Um nun die Beziehungsgerade zeichnen zu können, mußte der Regressionskoeffizient b bestimmt werden, der für den vorliegenden Fall 0,941 beträgt. Für die Konstruktion der Geraden benötigen wir zwei Punkte, wobei der eine vom Durchschnittswert der prozentualen Beteiligung an γ-Formen ($\bar{y} = 29{,}8\%$) und dem durchschnittlichen prozentualen Zellausfall ($\bar{x} = 19{,}4\%$) bestimmt wird. Den anderen Punkt erhalten wir aus der Formel der Regressionsgeraden:

$$(4) \qquad Y = \bar{y} + b\,(x - \bar{x}).$$

Um den zweiten Punkt nunmehr zu erhalten, wird $Y = 0$ gesetzt und die Gleichung nach x aufgelöst. Wir erhalten so den Schnittpunkt der Beziehungsgeraden mit der Abszisse ($x = -12{,}5\%$).

Aus der **Abb. 1** geht nun hervor, daß wir mit steigendem prozentualem Gehalt an γ-Formen der Schwundzellveränderungen einen wachsenden Nervenzellausfall vor uns haben.

Für die β-Form fanden wir einen Korrelationskoeffizienten von $r = 0{,}017$. Damit müssen wir feststellen, daß kein Zusammenhang zwischen dem prozentualen Gehalt an β-Formen und dem Nervenzellausfall besteht.

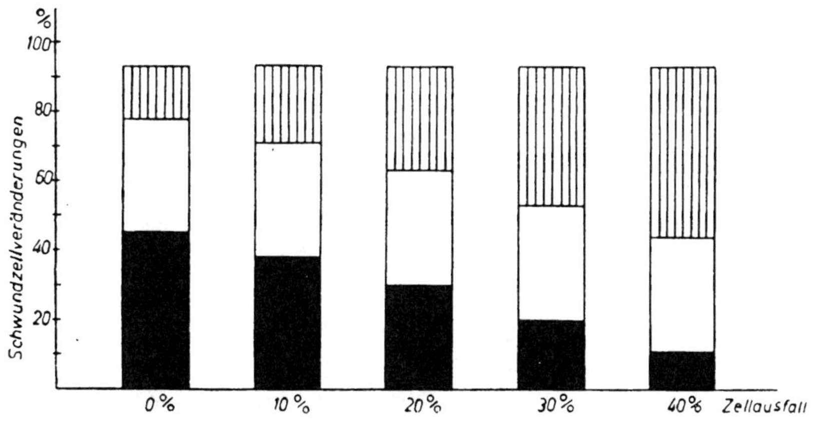

Abb. 2. Prozentualer Anteil der Formen der Schwundzellveränderungen bei verschieden starkem Nervenzellausfall im medio-dorsalen Thalamuskern. (Schwarz: α-Form; weiß; β-Form; längs gestrichen: γ-Form).

Lediglich zum Vergleich mit den anderen Beziehungsgeraden haben wir die Regression der β-Form berechnet und die dazugehörige Gerade in der **Abb. 1** eingezeichnet. Sie verläuft der Abszisse nahezu parallel.

Für die α-Form läßt sich ein Korrelationskoeffizient von 0,57 errechnen, der nach der Kollerschen Tabelle eben als gesichert angesehen werden kann. Für die Konstruktion der Beziehungsgeraden betragen die Durchschnittswerte für den prozentualen Zellausfall $\bar{x} = 19{,}4\%$ und für den prozentualen Gehalt an α-Formen $\bar{y} = 29{,}5\%$. Der Regressionskoeffizient b beträgt $-0{,}921$. Damit errechnet sich aus der Formel (4) der Regressionsgeraden ein Schnittpunkt mit der Abszisse bei $x = +51{,}3\%$.

In der **Abb. 1** sieht man, daß die Beziehungsgerade für die α-Form der Schwundzellveränderungen genau entgegengesetzt, d. h. senkrecht zu den γ-Formen verläuft. Das bedeutet, je mehr α-Formen in dem untersuchten Gebiet vorhanden sind, desto geringer ist der prozentuale Zellausfall. Es sind so auch die pathologischen Zellveränderungen geringer.

In der **Abb. 2** haben wir den prozentualen Gehalt der einzelnen Formen der Schwundzellveränderungen — wie sie sich aus den Verläufen der Regressionsgeraden in **Abb. 1** ergeben — in Säulen für verschieden große Nervenzellausfälle von 0% bis 40% aufgetragen. Dabei kommen wir allerdings nur auf einen etwa 93%igen Gehalt an hier verglichenen Zellveränderungen (α-, β- und γ-Formen). Die restlichen ca. 7% entfallen auf andere pathologische Zellveränderungen (Alveolare Zellveränderung[1]), Lipoide Sklerose, Schrumpfzellen und Ballonzellen). Auch aus dieser graphischen Darstellung wird deutlich, daß mit steigendem Zellausfall prozentual die α-Formen verschwinden und im gleichen Maße die γ-Formen zunehmen. Dies gilt im Durchschnitt für den von uns untersuchten Bereich, der bis zu einem etwa 40%igen Zellausfall reicht. Der Gehalt an β-Formen bleibt nahezu konstant.

Diskussion über die Möglichkeit von Korrelationen

Wie wir eingangs ausführten, ist die Korrelation um so eindeutiger, je näher die gefundenen Werte bei + 1 oder — 1 liegen. So müssen wir an Hand unseres vorliegenden Materials feststellen, daß die Korrelation am ausgeprägtesten für die Beziehungen zwischen dem Gehalt an γ-Formen — den typischen Schwundzellen — und dem Nervenzellausfall ist. Diese Abhängigkeit ist auch verständlich, wenn wir annehmen, daß alle Nervenzellen, die im Verlaufe der Schwundzellveränderungen die γ-Form erreicht haben, dem vollständigen Untergang entgegengehen und keine Restitution aus dieser Form mehr möglich sein kann (K.-J. Hempel 1958).

Anders verhält es sich mit den β-Formen. Aus ihrer prozentualen Beteiligung an der Schwundzellveränderung und dem jeweiligen Nervenzellausfall kann auf Grund des Korrelationskoeffizienten kein Zusammenhang abgeleitet werden. Eine Erklärung für dieses Verhalten sehen wir darin, daß die Zellen dieses Stadiums noch die Möglichkeit haben, sich unter Umständen zu erholen oder in die γ-Form überzugehen. Dies wird jeweils vom Krankheitsverlauf abhängig sein.

Bei den α-Formen der Schwundzellveränderungen ist die Korrelation zwischen ihrem prozentualen Anteil und dem Nervenzellausfall auf Grund des Korrelationskoeffizienten als nicht so eindeutig anzuseheh, wie wir es für die γ-Form feststellen konnten. Der Verlauf der Beziehungsgeraden ist hier der der γ-Form entgegengesetzt. Diese Gegensätzlichkeit ist begreiflich, denn je geringer der Zellverlust ist, um so größer muß der Gehalt an α-Formen sein, da sie ja auch noch die gesunden Zellen mit beinhalten, d. h. das Gewebe ist weniger stark pathologisch verändert.

Daß die Korrelation nicht so eindeutig ist, glauben wir dadurch erklären zu können, daß in dieser Gruppe der α-Formen nicht nur gesunde Zellen enthalten sind, sondern auch solche mit leichten Schwundveränderungen, die nach Art des Krankheitsverlaufes mehr oder weniger reversibel sind, wie auch bei der β-Form. Die Korrelation wäre wahrscheinlich eindeutiger, wenn wir es

[1]) Früher als alveolarer Zelluntergang b bezeichnet.

hier nur mit gesunden Zellen zu tun hätten. Eine vollständige Trennung ist jedoch aus methodischen Gründen nicht möglich, da die Schwundzellveränderungen einen fortlaufenden Prozeß von der gesunden Zelle bis zu ihrem völligen Untergang darstellen.

Zusammenfassend läßt sich für 5 Nuclei des medio-dorsalen Thalamuskernes beim Menschen bei der Katatonie aussagen, daß die „typische Schwundzelle" (γ-Form) in linearer Korrelation zum Nervenzellausfall stehen kann und wir aus dem festgestellten Nervenzellausfall nun auf eine anteilmäßig entsprechende Stärke von Schwundzellveränderungen schließen können.

Dabei bleibt nur noch zu betonen, daß die hier dargestellten Regressionsgeraden aus Durchschnittswerten von 5 Nuclei gewonnen wurden, wobei wir für die einzelnen Nuclei und die sie aufbauenden Nervenzellarten ein ähnliches Verhalten erwarten können — jedoch abhängig von der ihnen eigenen Pathoklise und dem Krankheitsverlauf des einzelnen Falles.

Zusammenfassung

An Hand errechneter Korrelationskoeffizienten der einzelnen Formen der Schwundzellveränderungen bei der Katatonie kann für den prozentualen Anteil an α- und γ-Formen eine lineare Korrelation mit dem prozentualen Nervenzellausfall festgestellt werden. Somit kann man gegebenenfalls aus der Größe des Nervenzellausfalles einen Schluß auf die Stärke der anteilmäßigen Schwundzellenveränderungen ziehen.

Literaturverzeichnis

Bäumer, H., Veränderungen des Thalamus bei der Schizophrenie. J. Hirnforsch. 1, 156 (1954). — Fisher, R. A., Statistical methods for research workers. London: 1948, 10. Aufl. — Fünfgeld, E. W., Der Nucleus anterior thalami bei der Schizophrenie. J. Hirnforsch. 1, 146 (1954). — Galton, zit. nach Weber, E. — Hempel, K.-J., Histopathologische Untersuchungen im Supranucleus medialis dorsalis thalami bei Schizophrenie. J. Hirnforsch. 4, 205 (1958). — Hempel, K.-J. und W. M. Treff, Über das biokline Verhalten eines subcorticalen Griseums Ziegl. Beitr. path. Anat. 122, 155 (1960). — Treff, W. M. und K.-J. Hempel, Die Zelldichte bei Schizophrenen und klinisch Gesunden. J. Hirnforsch. 4, 314 (1958). — Treff, W. M. und K.-J. Hempel, Zur Frage quantitativ nachweisbarer pathologisch-anatomischer Befunde bei der Katatonie: Zellveränderungen, II.Mitteilung, Arch. Psychiat. und Neurol. 199, 307 (1959). — Vogt, C. und O., Morphologische Gestaltungen unter normalen und pathogenen Bedingungen. J. Psychol. und Neurol. 50, 162 (1942). — Weber, E., Grundriß der biologischen Statistik Jena: VEB Gustav Fischer 1956.

Aus dem Institut für Hirnforschung und allgemeine Biologie, Neustadt/Schwarzwald (Direktor: Prof. Dr. med. O. Vogt †) und der Nervenklinik der Humboldt-Universität Berlin, Charité (Direktor: Prof. Dr. med. K. Leonhard)

Zur individuellen cytoarchitektonischen Gestaltung der linken und rechten Hemisphäre im Bereiche des Lobulus parietalis inferior

Von

Heinz A. F. Schulze

Mit 21 Abbildungen im Text und 53 Photoausschnitten auf 17 Tafeln am Schluß der Arbeit

Inhaltsverzeichnis

I. Einleitung

1. Allgemeines

Nach jahrzehntelanger Arbeit nähert sich die architektonische Erforschung der menschlichen Hirnrinde einem vorläufigen Abschluß in dem Sinne, daß über die grobe areale Gliederung weitgehende Übereinstimmung herrscht. Abgesehen von methodisch bedingten und terminologischen Differenzen haben die umfassenden Untersuchungen von Brodmann, v. Economo und Koskinas, C. und O. Vogt und ihren Mitarbeitern und Schülern gezeigt, daß eine große Zahl eindeutig definierbarer, *charakteristischer Strukturen konstant* und in einer *regelmäßigen Anordnung* aufzufinden ist. Die *myeloarchitektonischen Felder des Markscheidenbildes* stimmen dabei mit den *cytoarchitektonischen Einheiten des Zellbildes* weitgehend überein. Von einigen Autoren wird die Vielfalt und Unterscheidbarkeit der architektonischen Areale bestritten. Solche Auffassungen, wie sie hauptsächlich von Bailey und v. Bonin (1951) vertreten werden, sind in diesem Journal von Hopf (1954) eingehend widerlegt worden.

Größere Schwierigkeiten bestehen noch bei der feineren, *subarealen Gliederung*. Je feiner die Strukturunterschiede sind, desto mehr machen sich *individuelle Variabilität* und *topische Einflüsse* einerseits sowie *subjektive Beobachtungsfaktoren* andererseits bemerkbar. Als wichtigste Kriterien für die Bewertung feinerer Differenzen sind deshalb die *Konstanz* und die *sprunghafte Strukturänderung* anzusehen.

Der große Zeitaufwand, den architektonische Untersuchungen erfordern, läßt es nicht zu, daß für die Gliederung ausgedehnter Rindenabschnitte eine große Zahl von Gehirnen mit gleicher Gründlichkeit untersucht wird. Um die Felderung der Hirnrinde voranzutreiben, haben die meisten Untersucher ihrer Gliederung zunächst *ein einzelnes Gehirn* zugrunde gelegt. Zwar sind die Befunde im allgemeinen an einer größeren Zahl von Gehirnen nachgeprüft worden, so daß das konstante Vorkommen der aufgefundenen Strukturen gesichert ist; die veröffentlichten architektonischen Karten der untersuchten Hirnabschnitte stellen jedoch entweder die *individuellen Verhältnisse* eines einzigen Gehirns oder schematisch ein *ungefähres Mittel* aller untersuchten Fälle dar.

Obwohl diese Tatsache von den einzelnen Autoren durchaus betont wird, werden die Hirnkarten vielfach ohne weiteres, besonders bei *röntgenologischen* und *klinischen* Untersuchungen sowie von *neurophysiologischer* und *neurochirurgischer* Seite, unter *topographischer Orientierung* auf andere Individuen übertragen. Falsche funktionelle Zuordnungen sind häufig die Folge. Ein großer Teil sich widersprechender Angaben läßt sich auf diese Weise erklären. Schon Flechsig hat bei seinen *myelogenetischen Rindenfeldern* die *Unabhängigkeit ihrer Lage von den Furchen* konstatiert. In allen grundlegenden Arbeiten von C. und O. Vogt und Mitarbeitern wird darauf hingewiesen, daß von einer *regelmäßigen Übereinstimmung arealer Grenzen mit bestimmten Begrenzungen topographischer Einheiten keine Rede sein kann* (s. a. O. Vogt, 1923). Trotzdem wird die Bedeutung dieser Feststellung häufig unbeachtet gelassen.

Die *Idealforderung*, Zuordnungen physiologischer Funktionen und pathologischer Ausfälle ausschließlich auf Grund direkter *architektonischer Untersuchungen* vorzunehmen, ist nur beschränkt erfüllbar. Es muß deshalb Aufgabe der *Grundlagenforschung* sein, nach und nach genauere Unterlagen über die *Variationsbreite* der *topistischen Einheiten* zu gewinnen, um mit größerer Sicherheit auch Schlußfolgerungen aus den zahlreichen klinischen Beobachtungen zu ermöglichen.

2. *Die Variabilität der architektonischen Gestaltung*

Die *typische Struktur* der *topistischen Areale* kann durch *topographische Einflüsse* abgewandelt werden. Die hauptsächlich durch die Lage der Felder zu den Furchen und Windungen bedingten *topischen Struktureigentümlichkeiten* sind weitgehend bekannt (C. und O. Vogt, 1954, und Hopf, 1954). Sie machen sich bei allen Arealen in der gleichen Weise bemerkbar. Zwar können sie die Erkennung der architektonischen Gliederung erschweren, die grundsätzlichen Merkmale der topistischen Einheiten und deren Abgrenzbarkeit gegeneinander bleiben jedoch erhalten.

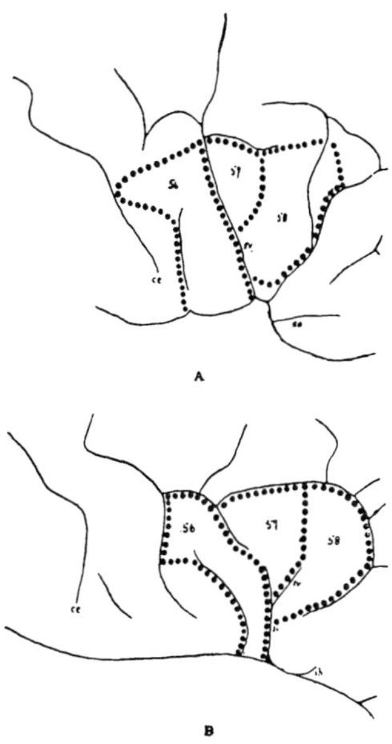

Abb. 1: 3. Stirnhirnwindung von zwei verschiedenen rechten Hemisphären. Reproduktion aus O. Vogt: Quelques considérations générales sur la myélo-architecture du lobe frontal, Revue Neurologique No 7, **1910**. Erklärung im Text

Mit dem Einfluß der *Rindenkrümmungen* auf die architektonische Gestaltung hat sich Bok (1929) sehr ausführlich befaßt. Da wir hier nicht näher darauf eingehen können, sei auf diese Untersuchungen verwiesen, ohne daß wir damit allen Schlußfolgerungen zustimmen.

Innerhalb dieses Spielraums können sich außerdem *Anpassungserscheinungen* an benachbarte areale Strukturen auswirken. In diesem Zusammenhang hat O. Vogt die Bezeichnung *limitrophe Zonulae* eingeführt.

Das mehr oder weniger deutliche Auftreten solcher Abwandlungen ist bereits ein Faktor der *individuellen Variation*. Diese kann sich auch als *Abschwächung* oder *Betonung* der *topistischen Merkmale* bemerkbar machen. Ihre augenfälligste Auswirkung hat sie auf *Ausdehnung*, *Form* und *Lage* der einzelnen Felder. In einzelnen Fällen können derartige Abweichungen recht erheblich sein. Als Beispiel dafür seien die eindrucksvollen Schemata von O. Vogt (1910) wiedergegeben, welche die *Stirnhirnfelder* **56**, **57** und **58** zweier verschiedener Gehirne in ihrer unterschiedlichen Lage zum *Sulcus centralis* darstellen (**Abb. 1**).

Neben Vogt u. a. weist auch Strasburger (1938) auf „starke individuelle Verschiedenheiten, besonders in der Größe und Gestalt" der Stirnhirnfelder hin.

An mehreren Durchschnitts- und Ausnahmegehirnen versuchte Heinze (1954) durch Oberflächenmessung der occipitalen Rindenfelder Beziehungen zwischen arealer Ausdehnung und besonderen Begabungen aufzuzeigen.

In den neueren Bearbeitungen der übrigen Rindengebiete findet man meist nur kurze Hinweise auf individuelle Variationen, ohne daß die Unterschiede der einzelnen Gehirne genauer dargestellt werden.

Eingehender mit dem Problem der Variabilität architektonischer Strukturen haben sich Feremutsch (1949) und besonders die Mitarbeiter des Moskauer Hirnforschungsinstituts befaßt (Sapir, 1929; Filimonow, 1931, 1932; Konova, 1935; Blinkow, 1938; Kunitzki, 1953; Ssarkissow mit Mitarbeitern, 1955; Sevcenko, 1956). Die neueren sowjetischen Arbeiten sind zum Teil noch schwer zugänglich und wenig bekannt. Sie bedürfen dringend der Auswertung.

Die weitere *Vertiefung* der gewonnenen Erkenntnisse wird darin bestehen müssen, die noch ausstehenden Rindengebiete in diese spezielle Fragestellung einzubeziehen, zur Erkennung der *Variationsbreite* alle besonderen *Einzelabweichungen* zu erfassen und schließlich durch Vermehrung der untersuchten Fälle zu statistisch verwertbaren Aussagen über die *Häufigkeit der einzelnen Varianten* zu kommen.

3. *Vergleichende Untersuchungen an beiden Hemisphären*

Die Frage der *Prävalenz* einer Hemisphäre ist eins der fundamentalen Probleme der Hirnpathologie. Im Zusammenhang damit harren viele wichtige Einzelfragen einer weiteren Klärung. Obwohl dieses Gebiet die vielseitigste Bearbeitung erfahren hat, stehen sich zum Teil noch völlig gegensätzliche Meinungen gegenüber. Die bisherigen Erfahrungen mit der Hemisphärektomie haben manches geklärt, aber auch manche neue Frage aufgeworfen. Auf physiologische und klinische Fragestellungen soll hier aber nicht näher eingegangen werden. Auf einige Probleme werde ich bei der Besprechung meiner architektonischen Befunde zurückkommen.

Die morphologische Forschung hat zwar einen wesentlichen Anteil an der Zuordnung einzelner Funktionen und pathologischer Symptome zur linken oder rechten Hirnhälfte; zur Klärung der Grundfragen, wie z. B. der Ursache der *Links-* und *Rechtshändigkeit,* hat sie jedoch bis jetzt nicht entscheidend beitragen können.

Die Bemühungen, aus der *äußeren Gestaltung* der Hirnrinde Schlüsse zu ziehen, haben sich meist als unfruchtbar erwiesen.

In letzter Zeit hat Beck (1955) versucht, am Beispiel des dorsalen Schläfenlappens eine größere Differenzierung und Variabilität der linken Hemisphäre als Regel abzuleiten. Bei der Einteilung von 102 Gehirnen in 18 verschiedene Bautypen kam er zu auffallenden Unterschieden in der *Typologie* der linken und rechten Hirnhälfte. Leider ist diese Einteilung recht kompliziert. Eine Nachprüfung oder entsprechende Untersuchung weiterer Rindenabschnitte wäre ebenfalls an einer großen Anzahl von Gehirnen durchzuführen. Entsprechende Ergebnisse müßten statistisch gesichert werden.

Messungen der *Gesamtrindenoberfläche* zeigten keine „konstante Abweichung von dem Mittel zugunsten der rechten oder linken Seite" (Economo und Koskinas, 1925).

Die Behauptung von Kaes (1907), die Rinde der linken Hemisphäre sei schmaler als die der rechten, hat sich nicht als richtig erwiesen.

Architektonische Vergleiche haben für alle Rindenregionen eindeutig ergeben, daß alle *Areae* grundsätzlich *in beiden Hemisphären* aufzufinden sind. Es ergibt sich aber die Frage, *ob Unterschiede in der Größenausdehnung und Gestalt der Felder und in ihrer intra- bzw. subarealen Differenzierung im einzelnen signifikante Seitenbeziehungen zeigen* und diese gegebenenfalls funktionelle Schlüsse zulassen. Untersuchungen darüber sind nur unter Berücksichtigung der unter 2. besprochenen sonstigen Variabilitätsfaktoren möglich, so daß die oben angegebenen Leitsätze für weitere Untersuchungen auch hier zu gelten haben.

Für die grundlegende Gliederung sind in der Mehrzahl der Fälle linke Hirnhälften gewählt und die Gliederungen dann an den rechten Hemisphären überprüft worden oder umgekehrt. *Besondere Links-Rechts-Vergleiche* haben nur einzelne Autoren angestellt.

Filimonow (1932) hat nach Untersuchung von 3 Gehirnen auf die „Ähnlichkeit in der Occipitallappenstruktur der rechten und linken Hemisphäre ein und desselben Gehirns" hingewiesen. Für die *Area* **19** hat Lungwitz (1937) auf einige Seitenvarianten aufmerksam gemacht, die er mit der „veränderten Gyrifizierung" erklärt. Heinze (1954) gibt für nur ein untersuchtes Gehirn Größenunterschiede und Seitenungleicheit der subarealen Gliederung für die Area **18** (Brodmann) an und meint, daraus „vielleicht" auf unterschiedliche Leistungen schließen zu können.

Am Schläfenlappen hat Beck (1930) keinen verwertbaren Unterschied zwischen den Hemisphären gefunden. Andere Untersucher machen darüber keine Angaben.

Im Bereich des Parietallappens sind bisher keine Seitenvergleiche durchgeführt worden.

Auch die Untersucher der motorischen Rinde und speziell der Brocaschen Region geben meist nur kurze Hinweise auf individuelle Abweichungen in der Felderausdehnung oder -anordnung, die keine gesetzmäßige Beziehung zu einer bestimmten Seite aufdecken. Ich erwähne nur O. Vogt (1910) und Strasburger (1938), der auch in bezug auf die „strukturelle Unterteilbarkeit keine greifbare Verschiedenheit zwischen r und l" fand, jedoch eine Differenz im Fasergehalt zugunsten der linken Hemisphäre beobachtete, die er aber nicht auswertete, da technisch-arteficielle Einflüsse nicht sicher auszuschließen waren.

Es gibt nur zwei Arbeiten von Beck (1950), die ausführlich über (cyto-)architektonische Links-Rechts-Vergleiche berichten und allein dieser Problemstellung gewidmet sind. Schon aus diesem Grunde verdienen die Befunde starke Beachtung, obwohl auch diese Untersuchungen nicht an dem von uns gewählten Rindenabschnitt, sondern in der Gegend der vorderen und hinteren Zentralwindung durchgeführt worden sind. Beck berichtet von qualitativen und quantitativen Seitenunterschieden und gibt für die Areale der dominanten Hemisphäre größere Rindenbreite und Flächenausdehnung sowie zahlreichere und größere Riesenpyramidenzellen an und weist auch auf gyrale Unterschiede hin. Leider weisen die Abbildungen erhebliche Mängel auf und lassen auch die Ausführungen in bezug auf die architektonische Methodik manche Frage offen, vor allem in Hinsicht auf individuelle Variation und topische Einflüsse. Aber auch wenn sich nur einige der angegebenen Differenzen als signifikant erwiesen — z. B. bez. Zahl oder Größe der Riesenpyramidenzellen —, so wäre damit ein grundlegender morphologischer Beitrag zur Prävalenzfrage geleistet. Da es sich um Untersuchungen an Neonatengehirnen handelt, wäre auch die Festlegung zum Zeitpunkt der Geburt bewiesen. Gerade diese Frage ist aber nach wie vor sehr umstritten. So ergibt sich die Norwendigkeit einer Wiederholung der Beckschen Untersuchungen und ihrer Ausdehnung auch auf Erwachsenen-Gehirne.

Eindeutige Seitendifferenzen wären mit exakten Angaben von Maß und Zahl zu belegen. Außerdem müssen derartige Untersuchungen auch an weiteren Cortexabschnitten durchgeführt werden.

II. Spezielle Fragestellung

Wie ich einleitend zu zeigen versucht habe, sind unsere Kenntnisse von der Variabilität der arealen Gliederung der Großhirnrinde noch recht unvollständig. Noch weniger gibt es bisher brauchbare Beiträge zur Frage der Hemisphärenwertigkeit. Die Besprechung der erwähnten Arbeiten erfolgte, um die allgemeine Problematik und die Schwierigkeiten der Methodik aufzuzeigen.

Die Untersuchungen, über die hier berichtet werden soll, wurden mit der Absicht begonnen, die *Cytoarchitektonik der Area* **7b** (nach Vogt) zu vertiefen. Bei ihren Reizversuchen am Cercopithecengehirn hatten C. und O. Vogt (1919) von diesem Feld aus, das zusammen mit der *Area* **7a** das untere Parietalläppchen einnimmt, komplexe Hand- und Fingerbewegungen ausgelöst. Diese Beobachtungen wurden dann von Foerster (s. C. und O. Vogt, 1926) am menschlichen Gehirn bestätigt. Schon 1911 hatte O. Vogt myeloarchitektonisch das untere Scheitelläppchen in *3 Areae*, **88**, **89** und **90** aufgeteilt, die dann später auch cytoarchitektonisch verifiziert und weiter untergliedert wurden. Leider ist die Felderbenennung der einzelnen Autoren gerade in diesem Gebiet besonders verwirrend. Eine kurze Besprechung folgt im nächsten Abschnitt. Da das Feld **7b** reizphysiologisch Beziehungen zur Motilität der oberen Extremitäten hatte erkennen lassen, erschien es uns interessant, der Frage nachzugehen, ob hier *architektonische Seitendifferenzen* erkennbar sind und wie groß die *Variabilität* dieser Formation ist. Die Beschränkung der Untersuchung auf dieses eine Feld hätte zudem erlaubt, eine größere Anzahl von Gehirnen heranzuziehen. Es zeigte sich aber bald, daß eine isolierte Betrachtung der *Area* **7b** möglicherweise Unterschiede in den Lagebeziehungen zu den Nachbarfeldern unerkannt gelassen hätte. Auch klinische Gesichtspunkte und die architektonisch gut erkennbare *subregionale Zusammengehörigkeit der Areale des unteren Partietalläppchens* ließ uns deren vollständige Einbeziehung wünschenswert erscheinen.

Über klinische Beobachtungen im Zusammenhang mit Läsionen in der *Parietalregion* gibt es zahlreiche Mitteilungen. Die zusammenfassende Darstellung von Critchley (1953) zählt eine große Anzahl von Symptomen und Syndromen auf, von denen hier nur einige genannt werden sollen, wie *Störungen des Körpergefühls, der Links-Rechts-Orientierung, der räumlichen Vorstellung, der optischen Orientierung und der Praxie, das Gerstmannsche Syndrom* usw. Über die Beziehungen der Ausfälle zu architektonischen Einheiten lassen die komplexen klinischen Beobachtungen jedoch kaum Schlüsse zu. Obwohl keine genauen anatomischen Befunde vorliegen und von der unzureichenden architektonischen Gliederung von Bailey und v. Bonin ausgegangen wird, ergeben sich genügend Hinweise auf Zusammenhänge mit örtlich verschiedenen Strukturanteilen des Parietallappens und eine unterschiedliche Beteiligung der linken und rechten Hemisphäre.

Für das *untere Parietalläppchen* lassen die bisher anatomisch genauer untersuchten Fälle, besonders von Kleist (1934), einen deutlichen Zusammenhang zwischen Läsionen in diesem Gebiet und apraktischen Ausfällen erkennen, wobei den einzelnen *Apraxieformen* offenbar Schädigungen ganz bestimmter Strukturen zugrunde zu legen sind. Kürzlich konnte Kleist (1959) über erste, vielversprechende *architektonische Befunde* berichten. Von den zur Zeit noch laufenden myeloarchitektonischen Untersuchungen an den Apraxie-Fällen der Frankfurter Forschungsstelle sind weitere Aufklärungen zu erwarten.

So mußte ein Kompromiß geschlossen werden zwischen den obengenannten Faktoren und der Absicht, eine nicht zu geringe Zahl von Hemisphären zu untersuchen, um zu einem gewissen statistischen Aussagewert zu kommen. Im einzelnen galt es, jeweils *beide Hemisphären der untersuchten Gehirne im angegebenen Bereich areal und subreal zu gliedern und sowohl die Felderung wie auch die cytoarchitektonischen Feldstrukturen selbst interindividuellen und Seitenvergleichen zu unterziehen. Weiterhin sollte der Frage topographischer Abhängigkeiten nachgegangen werden. Außerdem war die eigene Gliederung den Ergebnissen früherer Untersucher gegenüberzustellen.*

III. Die Architektonik der Subregio parietalis inferior

Bei seiner Rindenfelderung des *Meerkatzengehirns* hat Brodmann (1905) die in diesem Bereich gelegenen *cytoarchitektonischen* Strukturen gegen die Nachbarformationen abgegrenzt und sie als *Typus* **7** bezeichnet. In Anlehnung daran haben C. und O. Vogt unter Auswertung ihrer reizphysiologischen Befunde (1918) die Rindenfelderung weiter getrieben und auf ihrer cytoarchitektonischen Karte (1919) die nach frontal gelegene *Area* **7b** und die nach occipital gelegene *Area* **7a** unterschieden.

In der von Brodmann (1908) als „vorläufige Mitteilung" gegebenen „gedrängten Beschreibung der ... neuen Oberflächengliederung der *menschlichen Hirnrinde*", die im Gegensatz zu der Cercopithecen-Architektonik nicht mehr systematisch an Serienschnitten durchgearbeitet worden ist und nur die arealen Begrenzungen, nicht aber „histologische Details" enthält, finden sich im Bereich des *unteren Parietalläppchens* wiederum zwei Felder, die aber mit den Nummern **40** (für den nach frontal gelegenen) und **39** (für den nach occipital gelegenen Anteil) bezeichnet sind, während die Ziffer **7** dem *oberen Parietalläppchen* zugeteilt wurde. Brodmann hat dabei selbst betont, „daß nicht in allen Fällen die mit gleichen Nummern versehenen Felder der verschiedenen Gehirne als anatomisch gleichwertig (*homolog*) anzusehen sind".

Dagegen haben C. und O. Vogt (1926) die Rindenstrukturen des *unteren Scheitelläppchens* beim Menschen als *Homologa* der Felder **7a** und **b** der Affen erkannt.

Myeloarchitektonisch hatte O. Vogt (1911) die *Area* **88**, **89** und **90** beschrieben, wobei **88** dem *cytoarchitektonischen Feld* **7b** entspricht, während **89** einem vorderen und **90** einem hinteren Anteil von **7a** gleichzusetzen ist.

Im Vergleich mit der Gliederung von Economo und Koskinas (1925) würden etwa **88** : **PFT** und **PFop**, **89** : **PFcm**, **PF** und **PFm**, ferner **90** : **PG** gegenüberzustellen sein.

Auf der Basis von O. Vogts *myeloarchitektonischer Felderung* hat Gerhardt nach *cyto- und myeloarchitektonischer Gliederung* am Schimpansen (1937) auch die subrareale Cytoarchtektonik des Isocortex parietalis beim Menschen (1940) zur Darstellung gebracht. Die Abgrenzungen der Unterfelder hat sie auch myeloarchitektonisch geprüft und eine Übereinstimmung festgestellt. Batsch (1956) kam *myeloarchitektonisch* zu einer ähnlichen Untergliederung. Gerhardt hat nur eine linke Hirnhälfte untersucht, und auch Batsch hat nach Vorarbeit an mehreren Hemisphären seiner Darstellung die linke Hälfte eines bestimmten Gehirns zugrunde gelegt. Somit ist die *Frage der Variabilität und eventueller Seitendifferenzen* in der *Parietalregion bisher noch nicht bearbeitet* worden. Im folgenden soll die eigene Felderung mit denen von Gerhardt und Batsch verglichen werden. Einzelne Abweichungen der intraarealen Gliederung werden dann besprochen werden.

Eine ausführliche tabellarische Gegenüberstellung der besprochenen architektonischen Einteilungen mit denen weiterer Autoren findet sich bei Hopf und Gräfin Vitzthum (1957).

IV. Eigene Untersuchungen

1. Material und Methodik

Für die Untersuchungen standen die Frontalschnittserien beider Hemisphären der nachstehend aufgeführten Gehirne zur Verfügung:

1. **A 58** 24jähriger Schlosser, tödlich verunglückt. Keine Angaben über Links-Rechts-Händigkeit.
   Gehirngewicht, aus Formol gewogen: 1383 g.
2. **A 65** 40jährige Hausfrau, Suicid durch Barbiturat-Vergiftung. Intelligent, fremdsprachlich begabt. Viel mit Schreibarbeiten und Übersetzungen für ihren Ehemann beschäftigt. Schrieb mit der rechten Hand. Weitere Hinweise auf die Händigkeit liegen nicht vor.
   Gehirngewicht aus Formol: 1310 g.
3. **El 13** 73jähriger Anatom, plötzlich verstorben. Rechtsschreiber, aber bei vielseitiger Präpariertätigkeit und beim Zeichnen beidhändig sehr geübt und geschickt.
   Gehirngewicht aus Formol: 1345 g.

Die Gehirne sind nach den schon oft erläuterten Institutsvorschriften (Formolfixierung, Paraffineinbettung) behandelt worden. Die 20 μ dicken Serienschnitte lagen, nach dem üblichen Schema wechselnd, in Kresylechtviolett- und Markscheidenfärbung vor.

Die architektonische Gliederung mit dem binokularen „Zeiss-Lumipan" bei 22,5 bzw. 60facher Vergrößerung erfolgte in erster Linie auf Grund des Zellbildes. Zur Festlegung der Feldgrenzen wurden jedoch die benachbarten Faserpräparate herangezogen. Bei der Abgrenzung der Unterfelder wurden zum größten Teil cytoarchitektonische Kriterien zugrunde gelegt, da die benutzten Schnittserien nur 20 μ dicke Paraffin-Heidenhain-Woelcke-Präparate enthielten. Die arealen Grenzen wurden in Umriß-Diagramme eingetragen, die durch Projektion jedes 50. Schnittes auf Zeichenkarton im Maßstab 1:1,5 gezeichnet worden waren.[1]) Von jeder cytoarchitektonischen Einheit wurde auf der optischen Bank ein Übersichtsphoto in 100facher Vergrößerung hergestellt.[2]) Diese architektonischen Aufnahmen wurden zusammen mit den Schnitten zur endgültigen Strukturdifferenzierung benutzt. Zuletzt wurde die Gliederung auf Oberflächendiagramme übertragen, die von seitlichen Makroaufnahmen der Hemisphären mit Transparentpapier gezeichnet und durch Projektion im Maßstab 1:1,5 auf Zeichenkarton übertragen worden waren.

2. *Ergebnisse*

In Übereinstimmung mit der *myeloarchitektonischen Gliederung* von Vogt (1911) und Batsch (1956) und der *cyto- und myeloarchitektonischen Felderung* von Gerhardt (1940) konnte ich an der *Subregio parietalis inferior drei große Areale* unterscheiden, die ich, dem Beispiel Gerhardts folgend, mit Vogts *myeloarchitektonischen Feldbezeichnungen* **88**, **89** und **90** versehen habe.

Damit ist eine übereinstimmende neutrale Benennung im Vergleich mit den neueren Arbeiten gegeben und das verwirrende Moment der unterschiedlichen Zuordnung der cytoarchitektonischen Bezifferungen von Brodmann und Vogt vermieden.

Die **Abb. 4—15** zeigen die *areale Gliederung der untersuchten sechs Hemisphären* im Vergleich zu denen von Gerhardt und Batsch (**Abb. 2 u. 3**) und den *Oberflächenphotos* der drei Gehirne (**Abb. 16—21**). Bei der Abgrenzung gegen die Strukturen der benachbarten Regionen oder Subregionen wurden nur regionale oder areale Strukturmerkmale, nicht deren subareale Gliederung berücksichtigt.

Die cytoarchitektonische Charakterisierung, wie sie von Gerhardt beschrieben wurde, kann weitgehend bestätigt werden, so daß ich darauf verweisen und hier nur auf ergänzende oder abweichende Beobachtungen eingehen möchte. Einzelne Wiederholungen werden sich allerdings nicht vermeiden lassen. Im folgenden sollen die Felder der Reihe nach besprochen werden.

---

[1]) Die Diagramme können hier aus räumlichen Gründen nicht wiedergegeben werden. Sie werden vom Verfasser aufbewahrt.

[2]) Die Photoarbeiten führte mit bewährtem Können die Photomeisterin des Instituts, Fräulein M. Grosse, aus.

Erläuterungen zu den Abbildungen 2—21

Die **Abb.** 2 u. 3 sind den Originalarbeiten von Gerhardt und Batsch entnommen und geben die laterale Ansicht der *Regio parietalis* wieder.

Die **Abb. 4—9** zeigen die *eigene Gliederung* der untersuchten Hemisphären. Abbildungsmaßstab 1,5 : 1. Zur topographischen Orientierung wurden die wichtigsten Furchen mit durchgezogenen Strichen dargestellt, dabei der *Sulcus centralis* (**ce**) und die *Sylvische Furche* (**Sy**) besonders hervorgehoben.

Auf **Abb. 10—15** sind noch einmal die *Oberflächengliederungen* der sechs Hemisphären gegenübergestellt.

Die Begrenzungen der arealen Einheiten wurden folgendermaßen eingezeichnet:

▬ ▬ ▬	Ausdehnung der Areae
● ● ● ● ● ● ●	Unterteilung in Subareae
- - - - - - -	Areoläre Abgrenzungen
....	Inkonstante campuläre Differenzierungen
o o o o o o o	Mit diesen Symbolen wurden überwiegend im Sulcus gelegene
x x x x x x	Strukturen bezeichnet
·|· ·|·	Deren interareoläre Grenzen
89, (**73**)	Mit arabischen Ziffern wurden die Felderbezeichnungen angegeben. In Klammern gesetzte Feldnummern oder Buchstaben sind Hinweise auf benachbarte Strukturen außerhalb der Subregio pariet. inf.

Kleine Buchstaben benennen die einzelnen Unterfelder:

a = anterior	(vorn gelegene Subarea)
p = posterior	(hinten gelegene Subarea)
t = temporalis	(an die Regio temporalis grenzende Subarea)
o = occipitalis	(an die Regio occipitalis grenzende Subarea)
	Diese Bezeichnungen wurden wie die folgenden in Anlehnung an Gerhardt bzw. Batsch gewählt
i und **ip**	beziehen sich auf die areolären Strukturen innerhalb der Unterfelder. Soweit diese in den Sulci gelegen sind, wurden sie neben arealen Grenzen eingetragen. (**i** wurde von Gerhardt als Hinweis auf Anpassungen an die Insel-Strukturen, **ip** als Ausdruck für die Beziehungen zum Sulcus interparietalis benutzt)

Die **Abb. 16—21** sind *Makrophotos* der untersuchten Hemisphären im Maßstab 1:1.

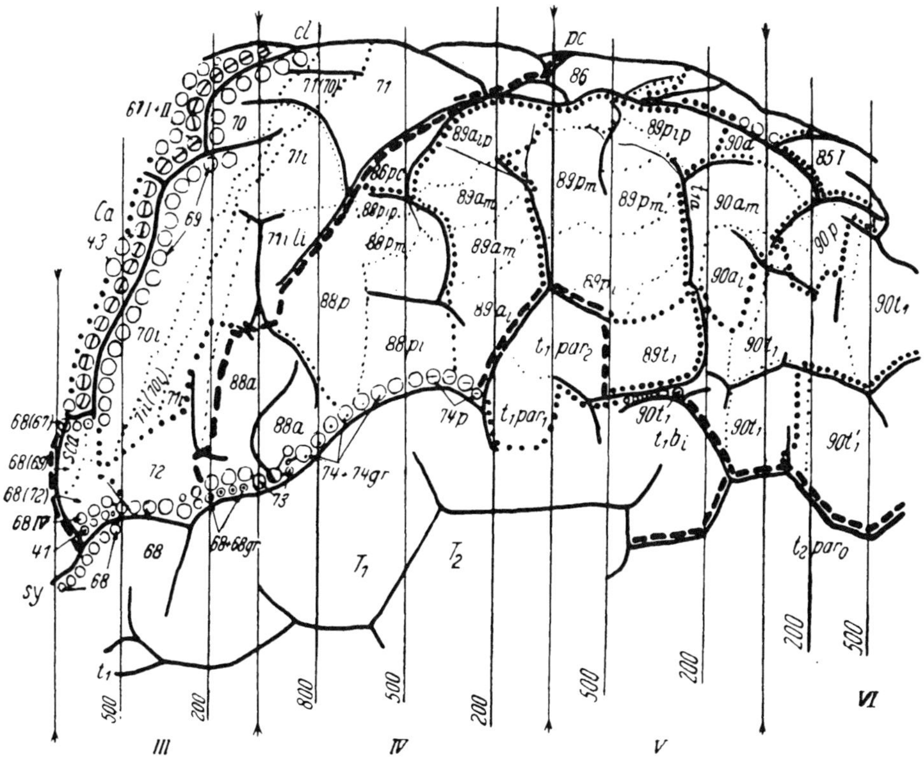

Abb. 2: A 61 li, Gliederung von G e r h a r d t, aus Journal für Psychologie und Neurologie Bd **49**, H. 4–6, 1940. Vergrößerung $1^1/_4$:1

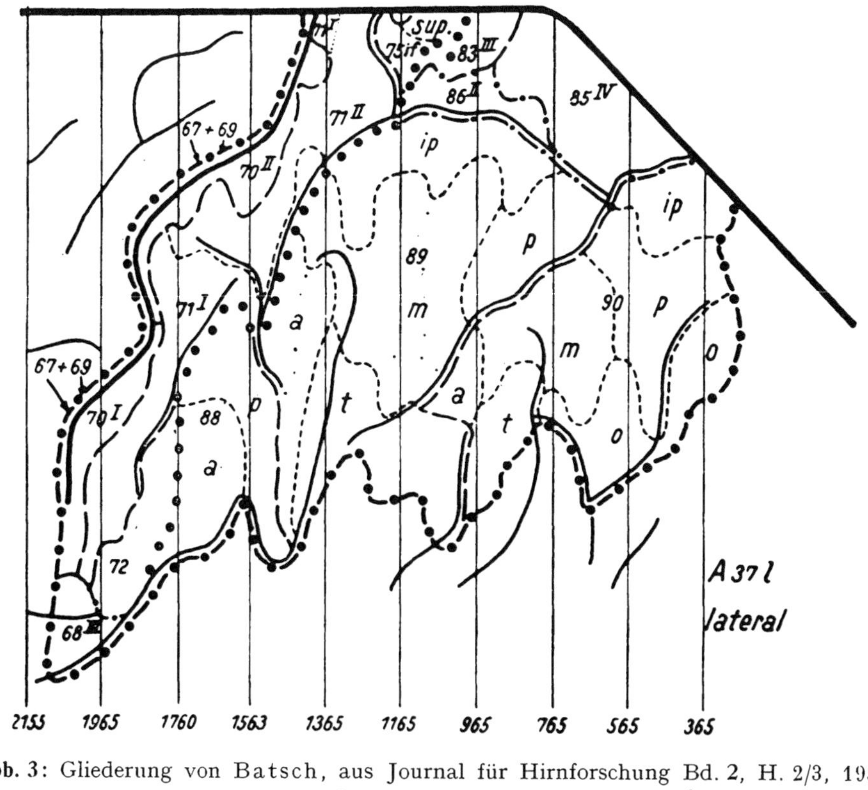

Abb. 3: Gliederung von B a t s c h, aus Journal für Hirnforschung Bd. **2**, H. 2/3, 1956. Vergrößerung 1,5:1

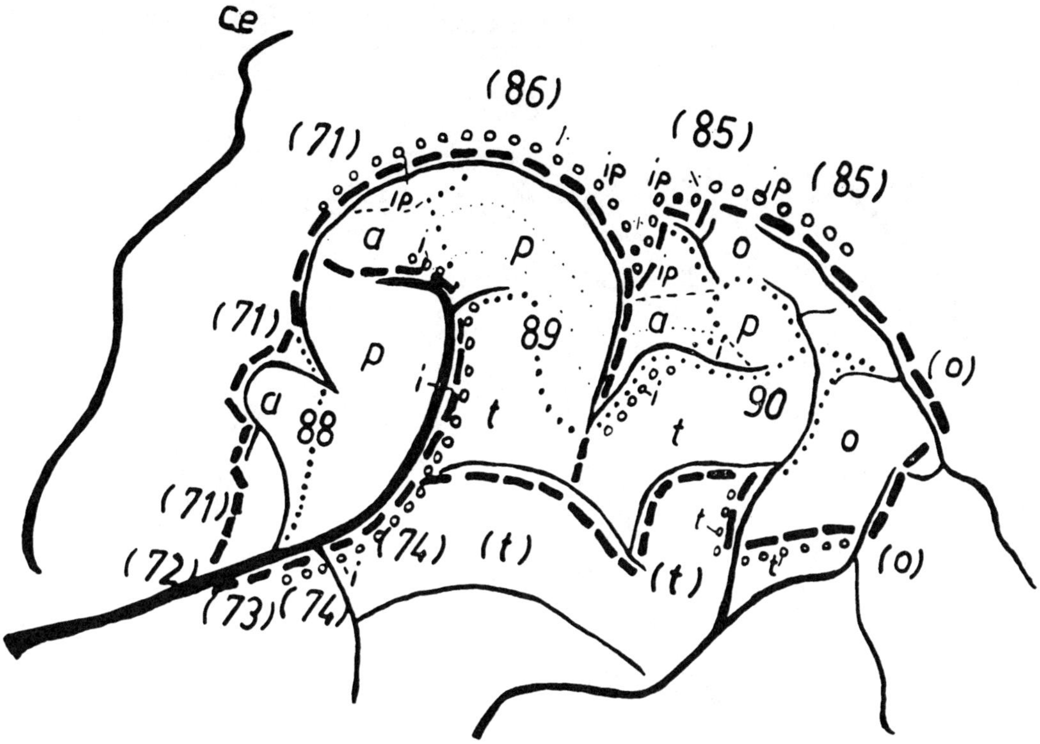

Abb. 4: A 58 links

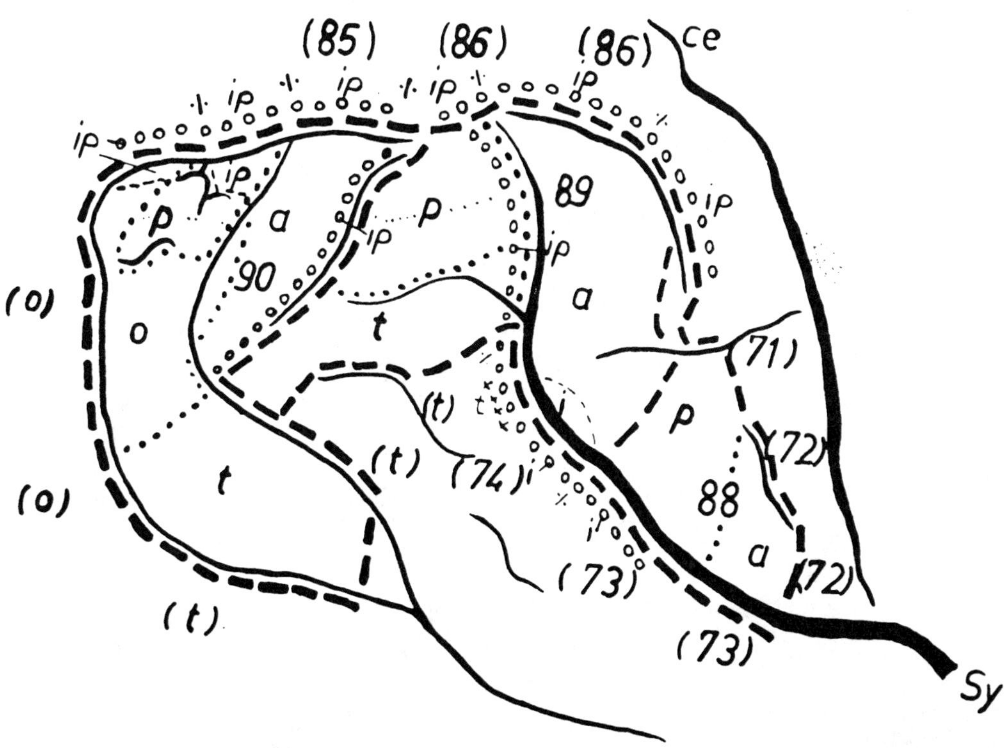

Abb. 5: A 58 rechts

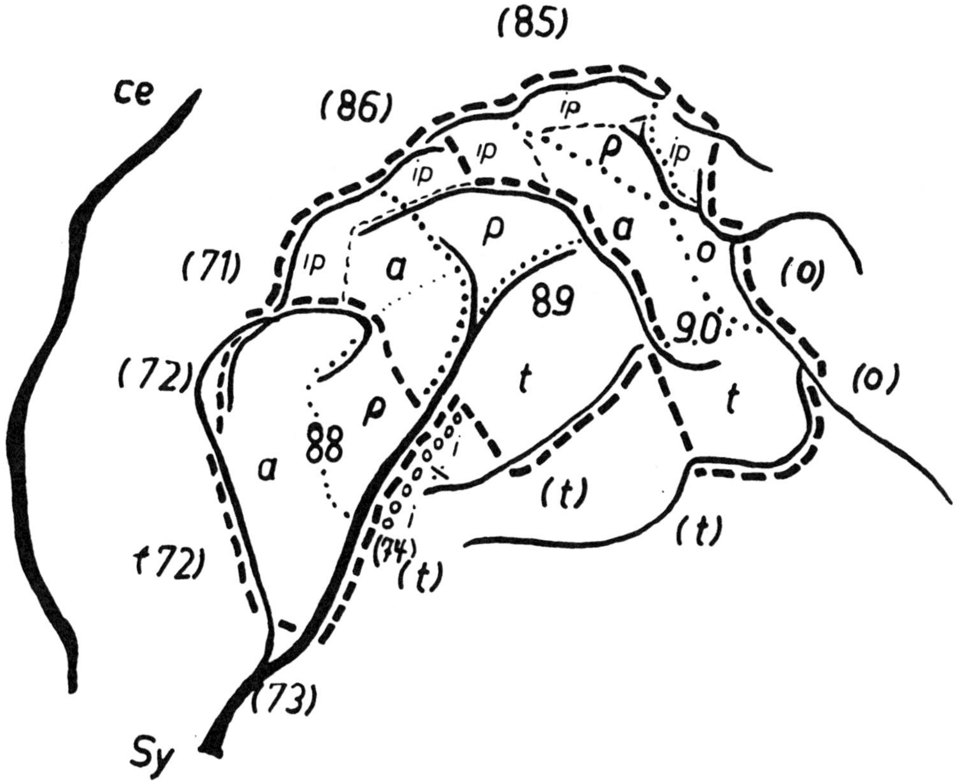

Abb. 6: A 65 links

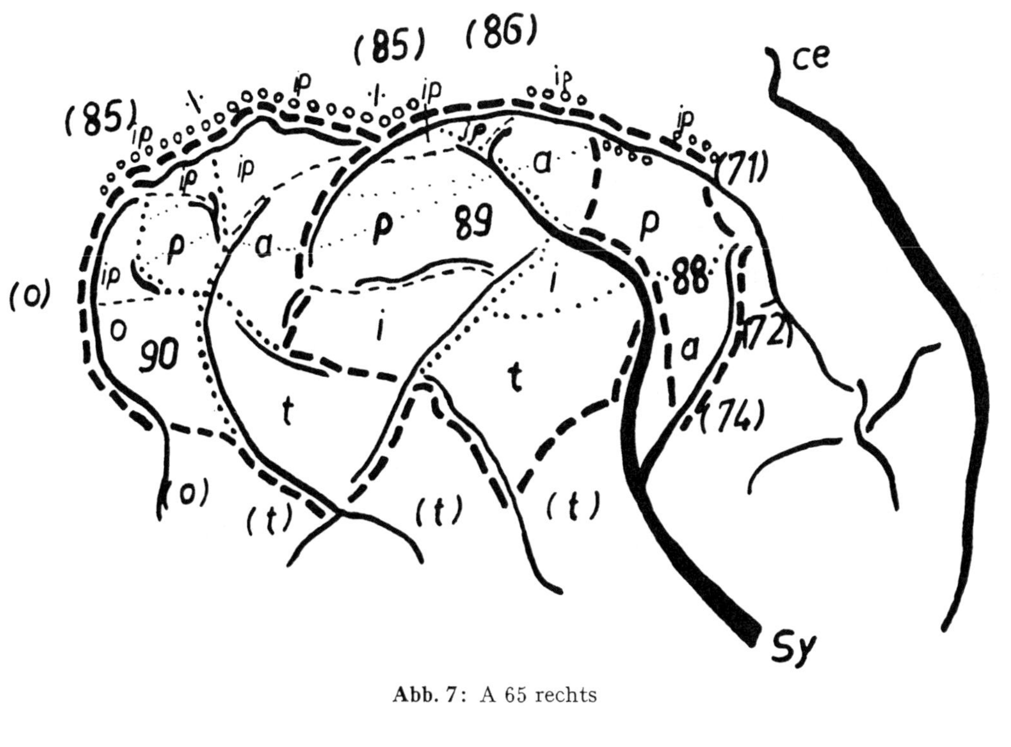

Abb. 7: A 65 rechts

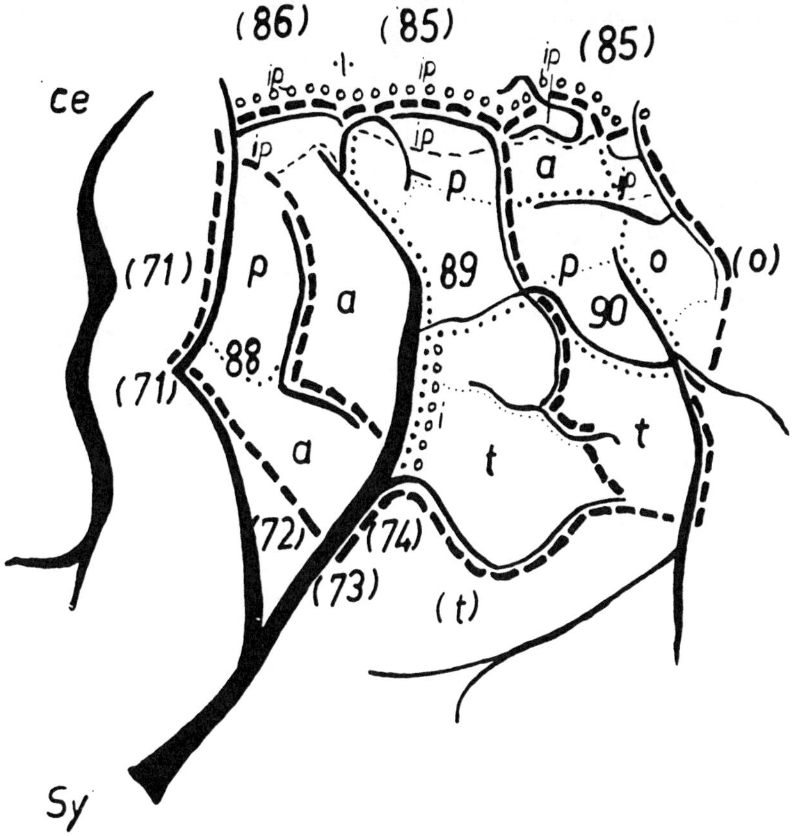

Abb. 8: El 13 links

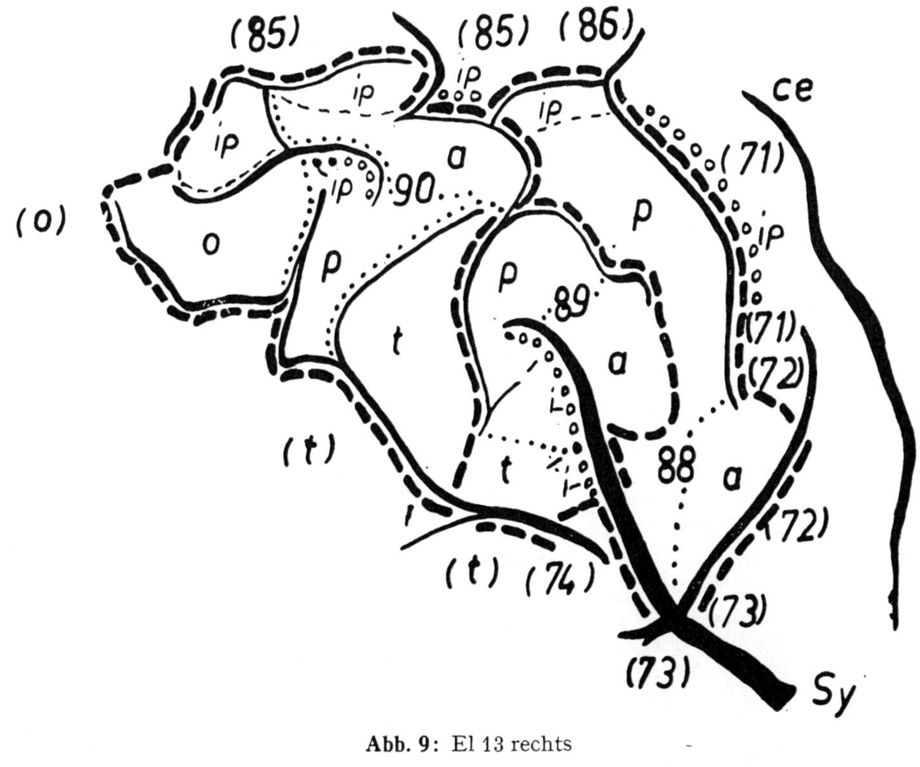

Abb. 9: El 13 rechts

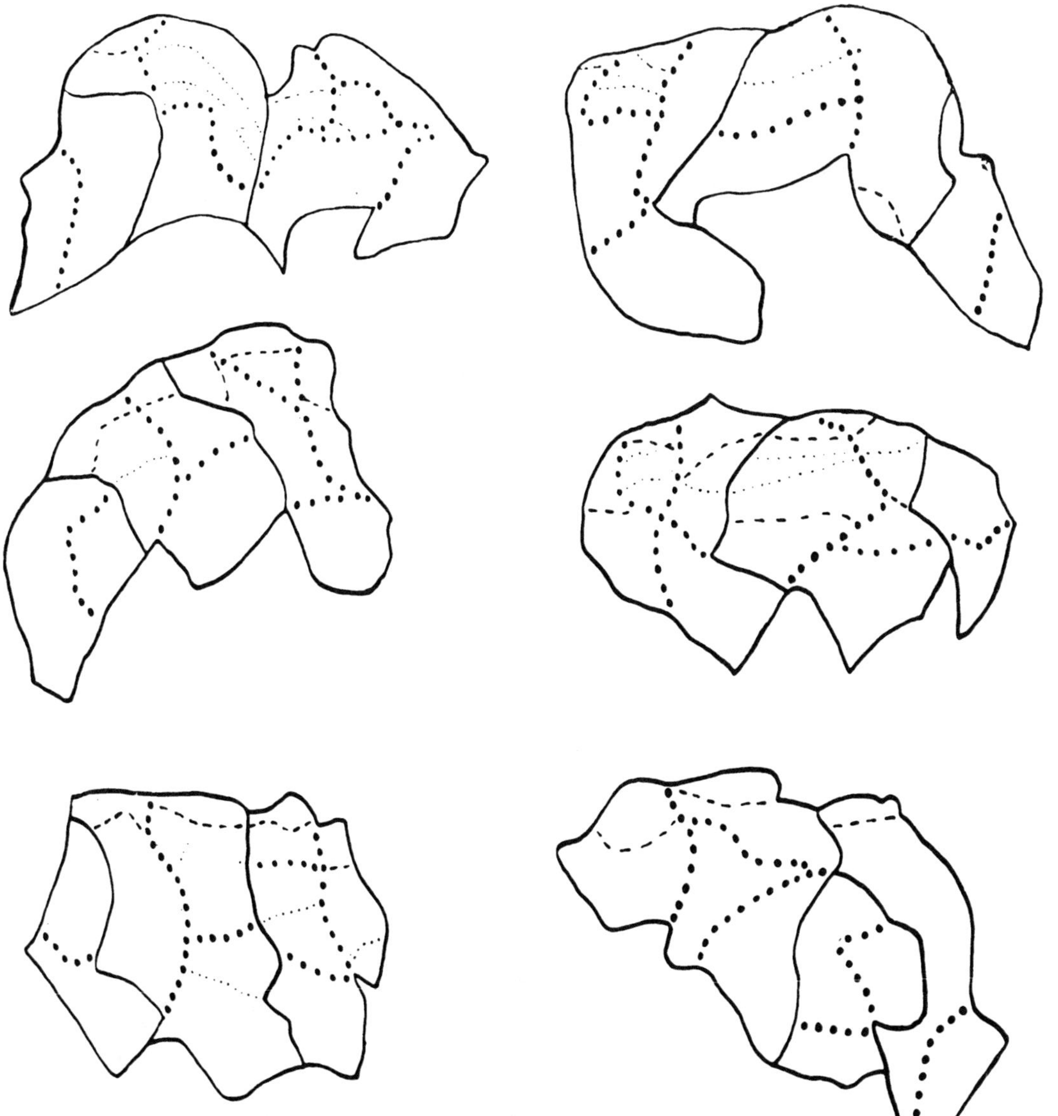

Abb. 10—15: Oberflächengliederungen der sechs Hemisphären

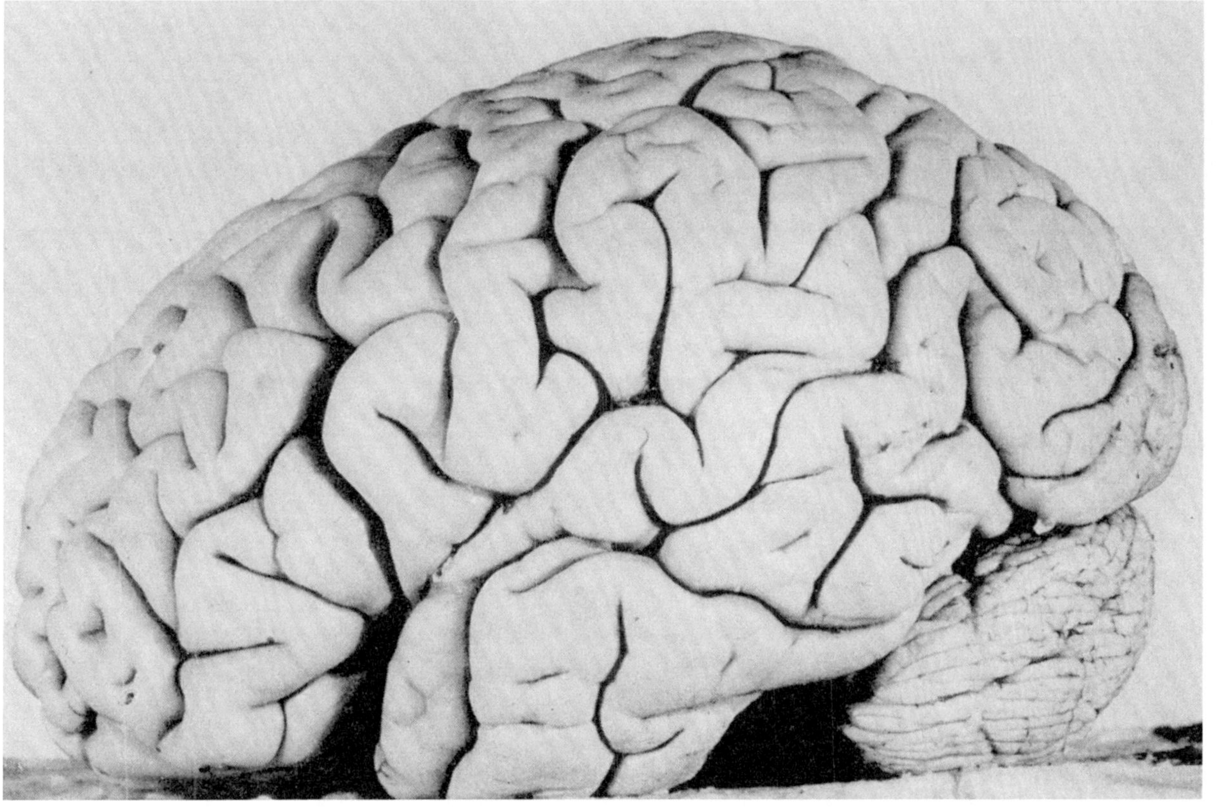

Abb. 16: A 58 links

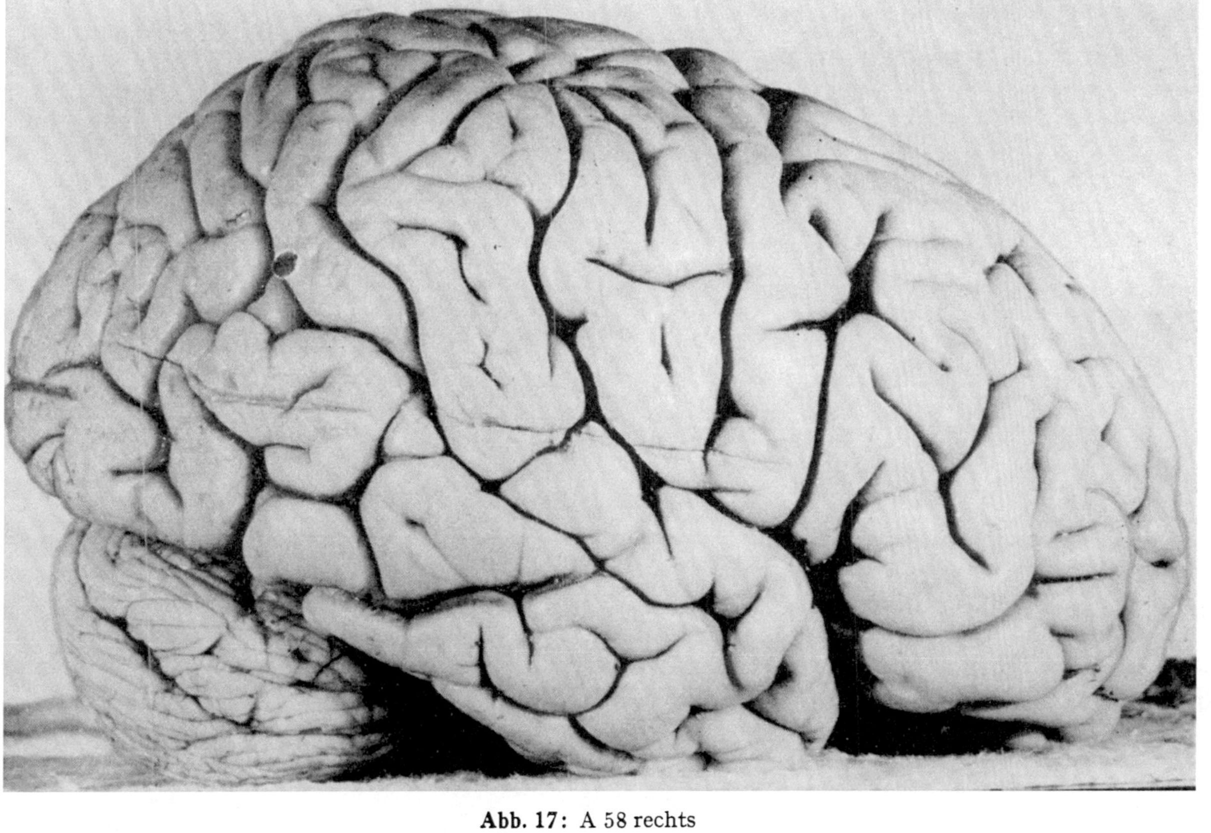

Abb. 17: A 58 rechts

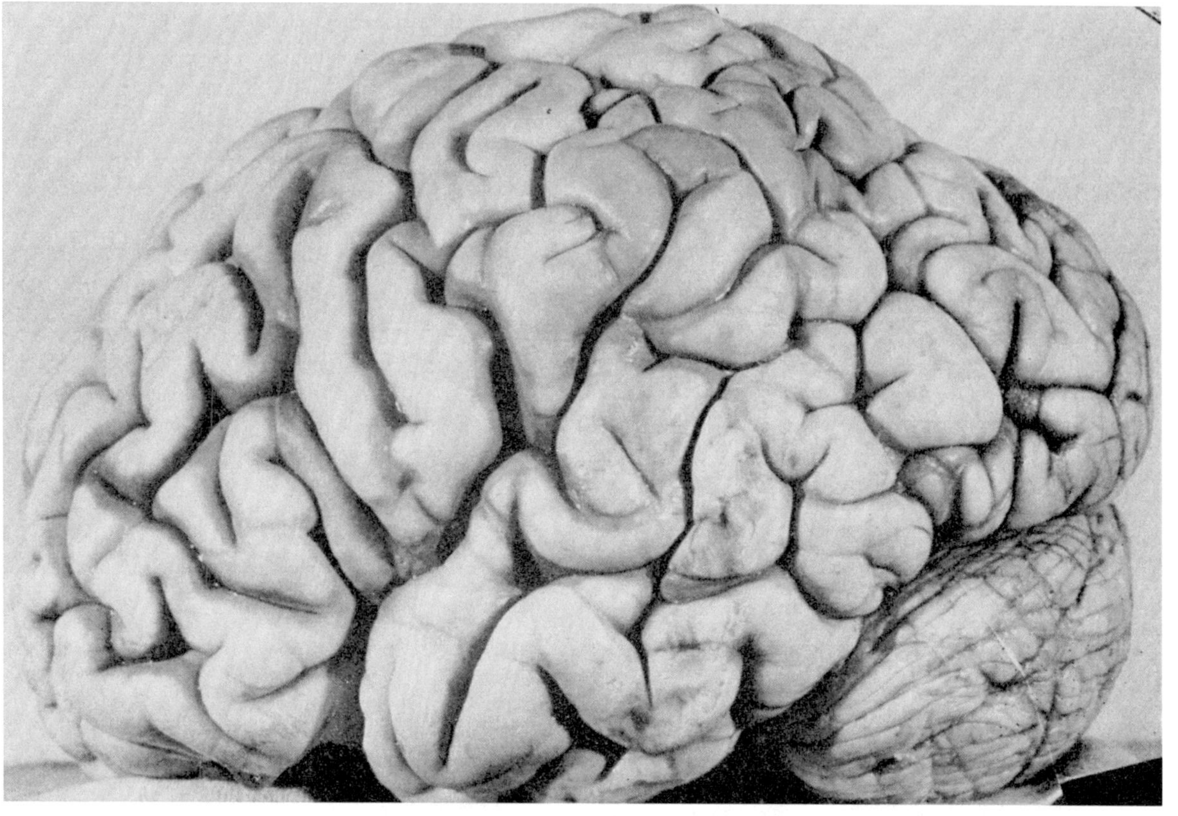

Abb. 18: A 65 links

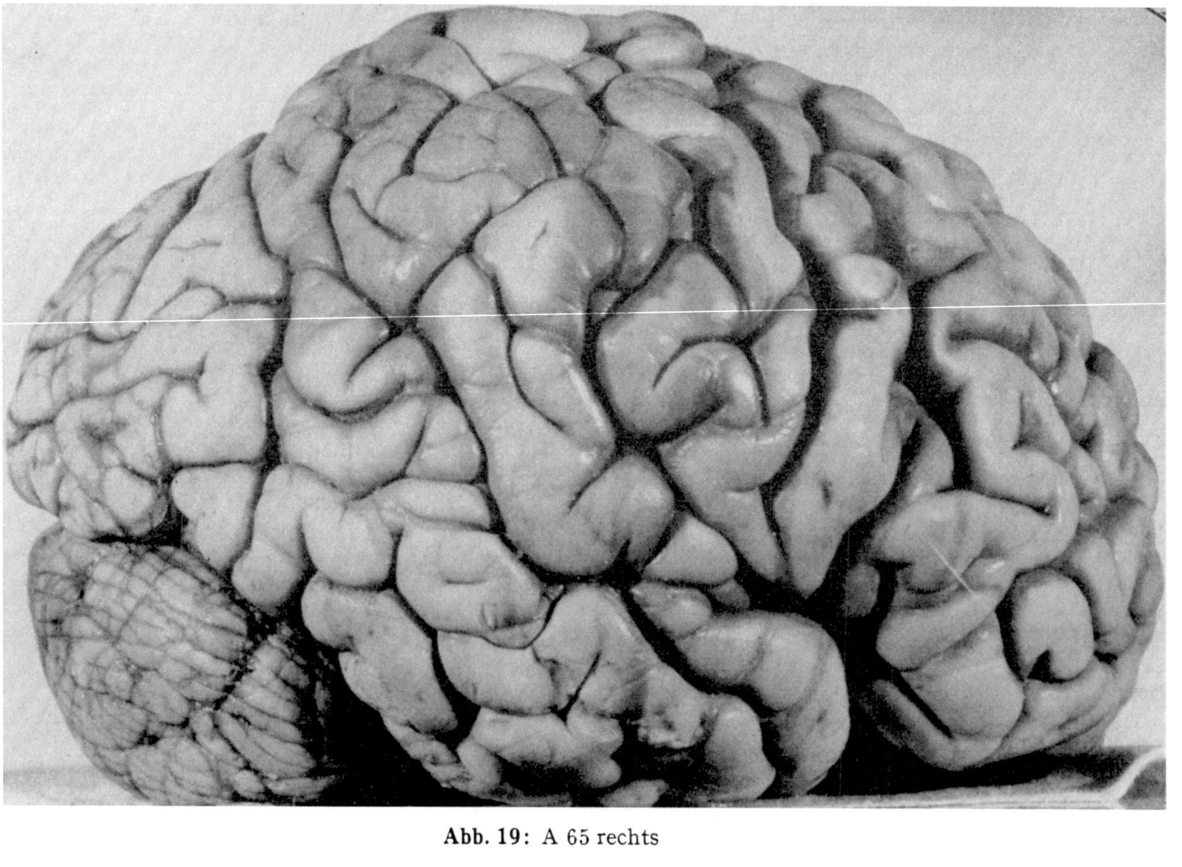

Abb. 19: A 65 rechts

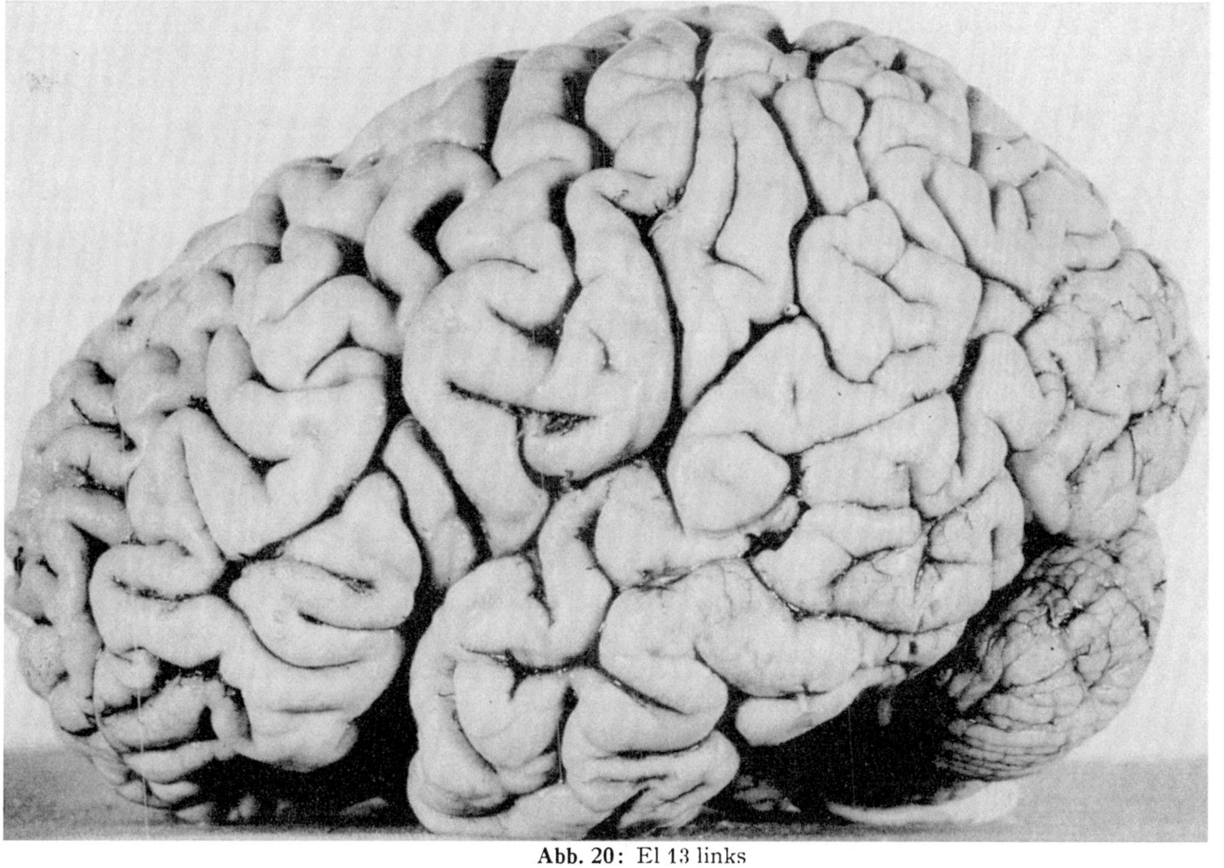

Abb. 20: El 13 links

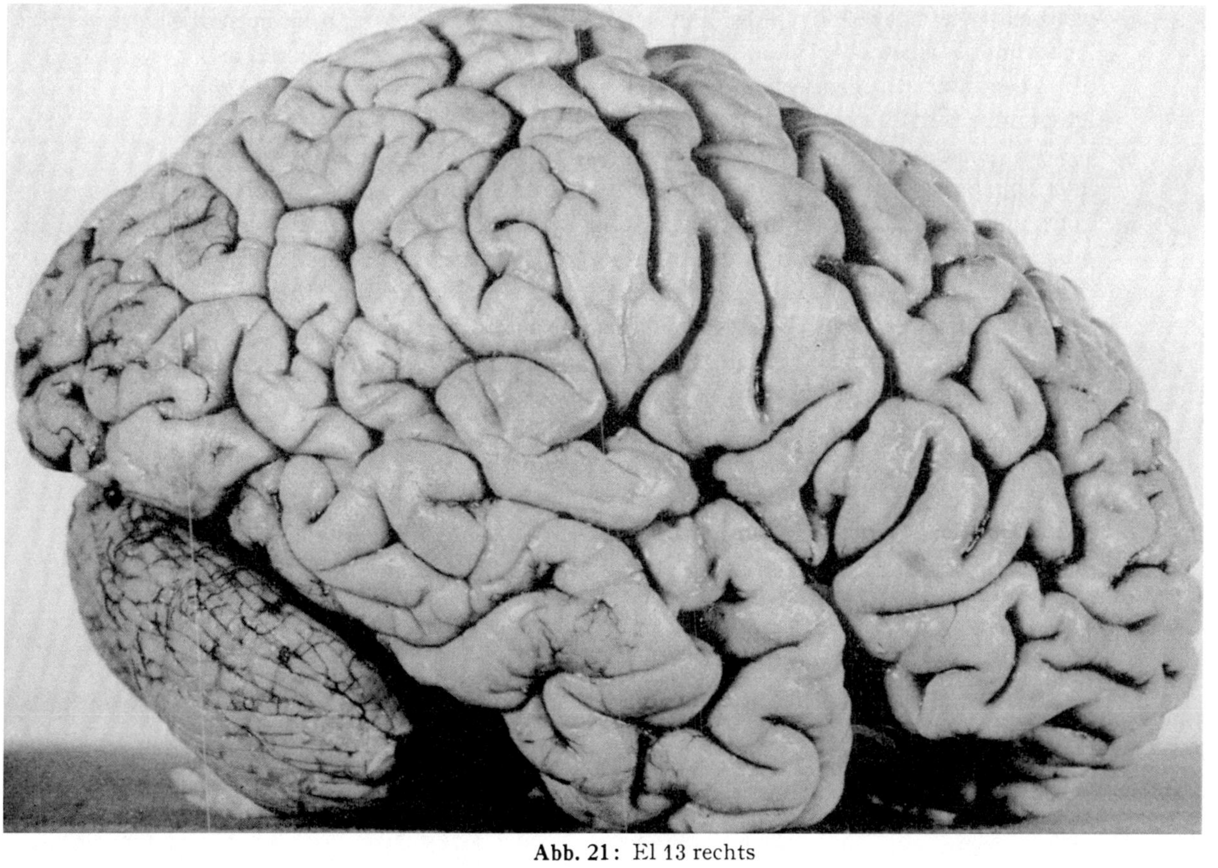

Abb. 21: El 13 rechts

Area **88**

(Tafel **I – VI**)

Dieses bei allen sechs Hirnhälften am weitesten oral gelegene Feld ist in seiner *Struktur* sehr einheitlich und nach frontal gegen die Felder **71** und **72** der *Postcentralregion* gut abzugrenzen. Die *Gestalt* variiert unter offensichtlicher Beziehung zu den gyralen Modifikationen. Die *Lage* ist mit großer Regelmäßigkeit durch die Oberfläche des aufsteigenden Astes des *Gyrus supramarginalis* gegeben, wobei ein mehr oder weniger großer Anteil zum *Operculum* gehört. Der *Sulcus postcentralis* und die *Sylvische Furche* sind konstant als Begrenzungen festzustellen, jedoch weisen die *Lagebeziehungen* der arealen Grenzen zum Sulcusrand erhebliche Schwankungen auf. So überschreitet die *Area* **88** bei **A 58 li** den *Sulcus postcentralis* nach oral, während sie bei **El 13** zugunsten des Feldes **72** mit ihrem basalen Anteil den Sulcusrand nicht erreicht. Die Begrenzung des Feldes auf dem *Gyrus supramarginalis* nach caudal und damit die *Flächenausdehnung* ist recht unterschiedlich. Bei **A 58** und **A 65** ist sie links größer als rechts. Bei **El 13 re** aber erreicht **88** die mächtigste Ausdehnung auf Kosten von **89**, während bei den übrigen fünf Hemisphären **88** das kleinste der drei Felder ist. So zeigt schon die Betrachtung dieses einen Feldes, wie *topographische Gegebenheiten* und *indivduelle Variation* ineinandergreifen und gesetzmäßige Seitendifferenzen nicht ohne weiteres erkennbar sind. Jedes Plus oder Minus eines Feldes beeinflußt die Ausdehnung eines oder mehrerer Nachbarareale, so daß es zweckmäßig ist, die Lage- und Größenbeziehungen der ganzen Subregion einer zusammenhängenden Betrachtung zu unterziehen.

Bei genauerer cytoarchitektonischer Untersuchung lassen sich zunächst *zwei Anteile* feststellen, die sich zwar nur graduell unterscheiden, aber nicht kontinuierlich ineinander übergehen, sondern eine *stufenartige stärkere Ausprägung* der Strukturen in fronto-occipitaler Richtung erkennen lassen. Bei dem sich an das oral gelegene Unterfeld **88a** anschließenden **88p** ist eine etwas straffere *Zellorientierung* in allen Fällen erkennbar, obwohl die lockere Zellanordnung noch für die ganze Area als typisch gelten kann.[1]) Die Horizontalschichtung tritt stärker hervor als in 88a, besonders die III^3 ist geschlossener, ebenso die IV.[2])

Die III^3 ist breiter auf Kosten von III^2 und enthält z. T. größere Pyramidenzellen. Auch in der *V* finden sich bei einzelnen Hemisphären größere und besser färbbare Ganglienzellen in größerer Anzahl, jedoch hat man beim Vergleich mehrerer Hirnhälften den Eindruck, daß sich hier auch inter- und

---

[1]) In der Arbeit von Gerhardt sind Abb. 32 und 33 auf Seite 394 und 395 miteinander vertauscht.

[2]) Die *Schichtenbezeichnung* erfolgt nach dem Grundschema von O. Vogt, das schon so oft wiedergegeben wurde, daß wir hier darauf verzichten können; z. B. Ds. Journal Bd. 2, H. 2/3, S. 228. In Anlehnung an Kaes werden auch die Termini „Äußere (*I – III*) und *innere Hauptschicht* (*IV – VII*)" benutzt.

intraindividuelle Variationen bemerkbar machen. Deutlich ist — über individuelle Unterschiede hinaus — eine stärker betonte radiäre Anordnung der Ganglienzellen, besonders in der *III*.

Während **88a** in allen Fällen ein einheitliches cytoarchitektonisches Bild zeigt, lassen sich bei **88p** noch *Abwandlungen* erkennen, die von Gerhardt mit **88pi** und **88pip** bezeichnet wurden. Diese Kennzeichnung deutet schon an, daß es sich nicht um gleichwertige *Unterfelder* im Vergleich zu **88a** und **88p** handelt, sondern um *Areolae*[1]) *der Subarea* **88p**. Der *Strukturtypus* der *Subarea* ist noch erkennbar, aber *omnilaminär abgewandelt.*

88pi ließ sich einmal in beiden Hemisphären und je einmal in einer linken und rechten Hirnhälfte auffinden. Ein Blick auf die **Abb. 4—9** läßt die Beziehung zur *Topographie* erkennen. **88pi** bildet immer die *basale Begrenzung* von **88p** und liegt meist in der *Sylvischen Furche,* nur bei **A 58li** greift es etwas auf die Oberfläche über. Bei **A 65re** und **El 13li**, wo die **pi**-*Strukturen* fehlen, hat die *Area* **89a** eine *engere Beziehung zur Sylvischen Furche* als **89p**.

Die *Horizontalschichtung* und die *radiäre Zellanordnung* ist deutlicher. Die III^3 ist besonders betont und enthält kräftig gefärbte Pyramidenzellen. Die *Rindenbreite* ist nicht einheitlich, sie ist geringer, wenn **pi** an die *Area* **73** grenzt, und kann hier deutlich reduziert sein. Sie nimmt nach caudal z. T. merklich zu, wobei eine feinere radiäre Anordnung auffällt. Besonders aber tritt hierbei die variable Lage zum Sulcus in Erscheinung, die sich vom *Angulus* über das *Labium* bis in die Nähe des *Fundus sulci* erstrecken kann. Auch kann ein Anteil der *Areola* auf dem *Culmen* liegen. Diese *große Variabilität* ist sogar *typisch* für **pi**. Man kennzeichnet diese Strukturen wohl am besten als *Mischtypus*. Die **p**-Struktur ist abgewandelt durch Elemente, wie wir sie bei **73, 74** (aufgehellte III^2; ziemlich einheitliche *IV*; prägnante, breite R-Anordnung) und in der *Temporalregion* (feine R-Anordnung) finden. Diese Einflüsse wechseln je nach der Lage ganz im Gegensatz zu einer viel größeren Regelmäßigkeit sowohl des Unterfeldes **88p** als auch der angrenzenden Areae **73** und **74**.

Es liegt eine *stufenweise Anpassung* durch ein *Schaltstück* vor. Dieses erhält aber durch die erwähnten Kombinationen einen eigenen Charakter und nimmt somit eine Mittelstellung ein zwischen einer *limitrophen Zonula* Vogts und einem echten *Unterfeld*. Die viel kleineren *limitrophen Zonulae,* die sich an den arealen Grenzen finden, sind nicht im einzelnen genannt und eingezeichnet.

88pip ist nur an den rechten Hemisphären der von mir untersuchten Gehirne vertreten. In Analogie zu **88pi** ist auch hier eine *Anpassung an Nachbarstrukturen* gegeben. Diese *Areola* liegt zum größten Teil in der *Interparietalfurche,* bei **El 13** bis auf die Oberfläche der Windung reichend. Man beachte die unterschiedliche Lage von **88p** zur Interparietalfurche unserer linken und rechten Hirnhälften!

[1]) Die Bezeichnung *Areola* ist hier nur im Sinne einer der Subarea untergeordneten architektonischen Einheit mit omnilaminären Differenzen angewandt, ohne etwas über Funktion oder konstantes Auftreten auszusagen. S. Heinze (1954).

Die *Struktur* weist unter Beibehaltung der Grundzüge von **88p** *Charakteristika* auf, wie wir sie bei **86** finden, breite Radiäranordnung, $II + III^1$ und IV sind scharf betont, eine Aufhellung der III^2 nicht so konstant wie bei **88pi**. Bei unserem Material fällt eine relativ schmale *innere Hauptschicht* auf (s. Anmerkung 2) S. 504). Bezüglich der *topischen Beeinflussung* gilt entsprechend das für **88pi** Gesagte. Die davon unabhängige Abwandlung ist jedoch viel einheitlicher, offenbar in hauptsächlicher Anpassung an **86**, während sich bei **88pi**, wie erwähnt, weitere Relationen bemerkbar machen.

Für beide *Areolae* ist hervorzuheben, daß der typische Charakter durch diese spezifischen Abwandlungen des Grundtypus von **88p** zustande kommt und nicht durch die topischen Einflüsse bedingt ist, wenn diese auch eine beachtliche zusätzliche Variabilität bewirken können.

Wie wir sehen werden, treten entsprechende *Areolae* auch bei den Feldern **89** und **90** auf. Die *Strukturabwandlungen* wirken sich auf das *Markscheidenbild* offenbar nicht mit gleicher Deutlichkeit aus. So hat Batsch keine besonderen **i**-*Feldchen* abgetrennt, wohl aber **ip**-*Strukturen* bei **89** und **90**, die er als gleichwertig mit den übrigen Unterfeldern angegeben hat. Er betont aber ebenfalls die wechselnde *Anpassung* an die benachbarten Strukturen.

Area 89

(Tafel **VII—X**)

Das sich caudal an **88** anschließende Feld ist meist recht ausgedehnt und weiter differenziert. Es weist enge Beziehungen zum *Gyrus supramarginalis* auf und zeigt eine weitere *Verstärkung der Strukturmerkmale*, wie wir sie schon von **88a** zu **88p** kennengelernt haben. Im einzelnen kann ich die von Gerhardt angegebenen Merkmale bestätigen, wie weitere Verschmelzung und größere Nervenzelldichte in der $II + III^1$ und in $III^2 + III^3$, scharfe lineare Grenze gegen IV usw. Die Zweiteilung der IV läßt sich ebenso beobachten wie die im ganzen dichtere *innere Hauptschicht* und die eindringlichere *radiäre Zellanordnung*.

Die *subraeale Gliederung* ist derjenigen von **88** analog. Das weiter caudal gelegene **p**-*Unterfeld* unterscheidet sich von **89a** durch *stärkere Ausbildung* der genannten Merkmale. Die Differenzierung der an den *Sulcus interparietalis* grenzenden und der basal gelegenen Strukturen läßt sich bei beiden Unterfeldern erkennen. Bei **89ai** und **pi** werden die Schichtengrenzen von $II—III^2$ diffuser. Betonte Pyramidenzellsäulen in der III^3 und *topische* Beeinflussung analog zu **88pi**. Die IV tritt etwas zurück. Die Zellgröße variiert, ebenso die Rindenbreite. Einen konstant breiteren Rindenquerschnitt habe ich nicht gefunden. **ai** kam in allen Hemisphären vor, **pi** nur bei **A 58li**, **A 65re** und **El 13re**. Bei **89aip** und **pip** kann man entsprechende Abwandlungen erkennen wie von **88p** zu **88pip**, nämlich Anpassungen an **86**, und zum Teil auch an **85**, indem die radiäre Zellanordnung wieder feiner ist. Bei **El 13re** sind die **ip**-*Strukturen* nicht vertreten.

Außer den schon besprochenen Grisea tritt bei **89** und **90** noch ein architektonischer Typus auf, den ich in Übereinstimmung mit Gerhardt und Batsch als *Subarea* **t** bezeichnet habe. **89t** kommt *konstant* als *größere architektonische Einheit* vor und nimmt sowohl ihrer Lage als auch ihrer architektonischen Charakterisierung nach eine *Mittelstellung* zwischen **89** und dem *Temporallappen* ein. Wir finden einen breiteren Querschnitt, eine diffusere Zellanordnung mit Aufhellungen in der III^{2+3} und in der *V*, mit einer feinen, für die Temporalfelder typischen *Radiäranordnung*, die dort aber viel straffer ist. *Variabilität* und *topische* Abwandlungen sind größer als bei **a** und **p**, jedoch nicht annähernd so stark wie bei **i** und **ip**. Im ganzen überwiegen doch die Merkmale von **89** gegenüber den benachbarten *Areae der Temporalregion.*

Eine besondere Subarea **m** (Batsch) zwischen **a** und **p** konnte ich *cytoarchitektonisch* nicht ausmachen. Ebenso habe ich davon Abstand genommen, feinere (*inkonstant* auftretende) Abstufungen mit Bezeichnungen zu belegen (Gerhardt). Ich habe diese lediglich in den arealen Karten angedeutet. Sie entsprechen etwa den Heinzeschen *Campuli.*

Area **90**

(Tafel **XI—XVII**)

Die *klinische Symptomatik* bei Läsionen im Gebiet des Gyrus angularis ist besonders vielgestaltig. Ich erinnere nur an das Gerstmannsche Syndrom. Die lokalisatorische Zuordnung derart komplexer Ausfallserscheinungen birgt allein schon große Schwierigkeiten. Sie wird noch weiter erschwert durch eine erhebliche *Variabilität* in der *Architektur* dieses Rindenabschnittes. Hier grenzen nicht nur sehr *differente Strukturen* mehrerer Regionen und Subregionen aneinander, auch die *subareale Differenzierung* der *Area* **90** selbst ist besonders kompliziert. Geringe Unterschiede in der Lage oder Ausdehnung von Schädigungen können ganz andere *topistische Einheiten* betreffen. Relativ umschriebene *Läsionen* in diesem Gebiet erfassen häufig verschiedene architektonische Einheiten, so daß es zu einer *komplexen Symptomatik* kommt. Nur die Auflösung der *Syndrome* in ihre *Einzelsymptome* und deren *architektonische Zuordnung* kann die Zusammenhänge klären. Dabei sind auch *prämorbide psychologische Entwicklungen* zu berücksichtigen, wie ich kürzlich am Beispiel der *Akalkulie* aufzuzeigen versucht habe (1959).

90a und **p** sind noch eindeutig durch *subregionale Merkmale* zu charakterisieren, zeigen aber auch schon geringe *Abwandlungen* in Richtung auf die Strukturen der *Occipitalregion.* Gegenüber **89**, wiederum in gestufter Ausprägung zwischen **a** und **p**, nimmt die *Zelldichte* im ganzen zu. $II + III^1$ treten schärfer hervor. Dadurch und durch eine etwas inkonstant betontere III^3 erscheint die III^2 etwas aufgelockerter. Die Zweiteilung der *IV* tritt wieder zurück. Sie ist geschlossener, aber nicht mehr so scharf abgesetzt, besonders nach innen. V^1 z. T. aufgehellt. *VI* und *VII* dichter und meist breiter. Auffällig ist eine individuell unterschiedliche, aber z. T. erhebliche *Zunahme kleiner Zellelemente* in der *inneren Hauptschicht* und deren *feine radiäre Anordnung.*

Nur in einer der sechs Hemisphären findet sich eine *areoläre* **i**-*Abwandlung*, und zwar bei **A 58li**. **90ai** und **pi** unterscheiden sich von **89pi** durch das Hinzukommen der Kennzeichen von **90a** und **p**, besonders des Hervortretens von $II + III^1$ und der unregelmäßigeren Begrenzung der IV. Typisch bleibt jedoch vor allem wieder die kräftige Säulenanordnung der großen Pyramidenzellen in der III^3 und die topisch beeinflußte, meist geringe Rindenbreite.

90aip ist in allen Hirnhälften vorhanden. Wir sehen die typische **ip**-*Abwandlung* trotz deutlich erhaltener Grundstruktur von **90a**, besonders der *Zunahme der kleinen Zellelemente*. Entsprechendes gilt für **90pip**, das in vier Hemisphären auftritt und bei **A 58li** und **El 13li** fehlt. Gerhardt hat bei **90** keine **ip**-*Areolae* abgetrennt, während Batsch auch hier ein **ip**-*Unterfeld* angibt.

Bei **90t** finden wir wieder die Vermischung der *parietalen Elemente* mit denen der angrenzenden *Temporalfelder*, die *Horizontalschichtung* tritt infolge der strafferen strahligen Anordnung der **90**-entsprechend kleinen, hier etwas unterschiedlich dichten Zellen zurück. Gegenüber $\mathbf{T_1}$ ist die radiäre Anordnung jedoch weniger konstant und noch häufig durch unregelmäßige Auflockerungen unterbrochen. $II + III^1$ sehr einheitlich. Abnahme der großen Pyramidenzellen in der III^3, die recht dichte IV dadurch nach außen weniger scharf begrenzt. Die *innere Hauptschicht* bietet ein ziemlich gleichmäßiges Bild. Zu einer Unterteilung dieser *Subarea* (Gerhardt) habe ich mich nicht entschließen können.

Die sich meist an **t** anschließenden und an **19** grenzenden Strukturen sind *cytoarchitektonisch* schwierig einzuordnen. Der Grundcharakter entspricht **90**, die Modifikationen sind wechselnd und erinnern an **t** und **o** (*occipital*). Ich habe mich wie Batsch für eine besondere *Subarea* **90o** entschieden, weil die Unterschiede zu **90t** nicht zu verkennen sind, immer eine *omnilaminäre* Grenze vorhanden ist und auch ein einheitliches *myeloarchitektonisches* Merkmal im besseren Hervortreten beider *Baillargerscher Streifen* auftritt. Auch Gerhardt betont bei einem ihrer **t**-*Campuli* die starke Annäherung an die angrenzenden **o**-*Strukturen*. Die **o**-*Annäherung* ist unter unseren Hemisphären besonders ausgeprägt bei **A 58li**, die Zellsäulen sind breiter, es treten wieder größere Pyramidenzellen auf, vor allem in der III^3. Deutlich ist auch eine Tendenz zu *schmalerem Querschnitt*.

Die entsprechende **ip**-*Abwandlung* ließ sich auch bei **90o** in allen Hemisphären auffinden. Sie besteht in der *Area* **90** mehr in einer Anpassung an **85** als an **86** und ist dadurch ungleichmäßiger, besonders durch unregelmäßiger eingestreute ungleich große Pyramidenzellen in der III^3. Erhalten bleibt auch hier über die volle Rindenbreite die dichte Anordnung kleiner Zellen wie in der ganzen *Area* **90**.

3. *Vergleichende Betrachtung*

Die *Oberflächenphotos* (**Abb. 16—21**) lassen die starke *Variation der gyralen Gestaltung* erkennen. *Typologische* Gesetzmäßigkeiten, die im Sinne von

Links-Rechts-Unterschieden verwertet werden könnten, treten im Bereich des untersuchten Rindengebietes *nicht* hervor. Bei **A 58li** und **A 65li** ist eine besonders große äußere Ähnlichkeit vorhanden. Das Gehirn **El 13** weist an beiden Hemisphären eine besonders *starke Differenzierung* auf. Weitergehende Aussagen kann man m. E. *makroskopisch* nicht ableiten.

Wenn man die *architektonischen Strukturen* der drei Gehirne miteinander vergleicht, so fällt auf, daß unabhängig von den arealen Merkmalen und topisch oder topistisch bedingten Abwandlungen jeweils eine gewisse *individuelle Prägung* erkennbar ist.

So treten die typischen architektonischen Merkmale bei **A 58** durchweg am besten hervor. Die verschiedenen Charakteristika sind etwa gleichmäßig vertreten. Man hat nicht den Eindruck, daß einzelne Merkmale wesentlich zurücktreten und andere sehr im Vordergrund stehen. Unter den untersuchten drei Gehirnen weist **A 58** die regelmäßigste architektonische Gestaltung auf.

Eher das Gegenteil ist bei **A 65** der Fall. Hier ist die Zellanordnung oft recht unregelmäßig. Die typischen Abwandlungen finden sich zwar durchaus, sind aber nicht so gut erkennbar. Die Färbbarkeit dieses Gehirns war deutlich schlechter als die der anderen. Die Ganglienzellen treten nicht so scharf hervor. Zum Teil finden sich Zellücken, die bereits die Frage pathologischer Befunde aufwerfen. Die numerische Zelldichte scheint im ganzen geringer zu sein. Die Zellgrößen sind offenbar stärkeren Schwankungen unterworfen. Vereinzelt sind besonders große Zellen vorhanden.

Bei **EL 13** scheint die numerische Zelldichte am größten zu sein. Das Zellbild ist wieder einheitlicher. Besonders ausgeprägt ist die radiäre Anordnung. Es finden sich zalreiche, fein abgestufte Größenordnungen. Vorherrschend sind gut ausgebildete, größere, klar hervortretende Ganglienzellen. Daneben fallen besonders zahlreiche kleine Zellen auf, die der Architektur eine eigene individuelle Note verleihen.

Diese wenigen Hinweise mögen genügen. Im einzelnen ist die Beurteilung und Beschreibung der individuellen Prägung der architektonischen Strukturen sehr schwierig. Ähnlich wie beim Physiognomie-Erkennen spielt dabei der Gesamteindruck eine wichtige Rolle. Individuelle Eigenheiten können die einzelnen Charakteristika abschwächen oder betonen. Auch das Fehlen oder Vorhandensein feinster Abstufungen im Sinne einer geringeren oder größeren Differenzierung ist ein Ausdruck der Individualität. Die areale Gliederung aber bleibt immer erhalten.

Der heutige Stand der architektonischen Forschung und Erfahrung gestattet uns kaum, aus der *individuellen Prägung* der architektonischen Strukturen allgemeingültige Schlußfolgerungen zu ziehen, sofern nicht deutliche pathoarchitektonische Befunde oder außergewöhnliche Eigenheiten bestimmter Areale vorliegen. Die Tatsache aber, daß in jedem Falle eine architektonische Individualität erkennbar ist, und die von O. Vogt (1951) in einzelnen Fällen mitgeteilten Untersuchungsergebnisse lassen die Möglichkeit einer zukünftigen individual-architektonischen Hirnforschung grundsätzlich zu.

Für die Belange der klinischen Neurologie sind die *individuellen topographisch-topistischen Relationen* von größerer Bedeutung.

Oberflächenausdehnung der Areale

Die *Gesamtfläche* der *Subregio partietalis inferior* weist bei den sechs Hemisphären nur geringe Unterschiede auf, die keine bestimmten Folgerungen gestatten. Die *Größe* der *Areae* ist demgegenüber schon viel individueller. Bei der Besprechung der *Area* **88** bin ich bereits darauf eingegangen. Wenn Batsch das *Feld* **88** als das kleinste des unteren Partietalläppchens bezeichnet, so trifft das auch für fünf unserer Hirnhälften zu, bei **El 13re** jedoch nicht annähernd. Entsprechendes gilt für die *Area* **89** und **90**, wie ein Blick auf die arealen Karten (**Abb. 4—15**) zeigt.

Es sei nochmals betont, daß die Abbildungen nur die areale Verteilung auf der Hirnoberfläche wiedergeben und damit keine exakten Angaben über die wahren Flächenausdehnungen der Grisea einschließlich der im Sulcus gelegenen Anteile ermöglichen. Da von den untersuchten Hemisphären ausschließlich Frontalschnitte vorliegen, sind zwar genaue Messungen in Schnittrichtung mit Hilfe der angefertigten Umrißdiagramme durchführbar, die entsprechende Berücksichtigung der Krümmungen in fronto-occipitaler Richtung aber kaum mit hinreichender Genauigkeit möglich. Im übrigen ergeben sich keinerlei Hinweise auf ein gleichartiges Verhalten der homologen Hemisphären in bezug auf die Flächenverteilung der architektonischen Einheiten.

Wenn wir die *Hirnkarten* mit den *Makrophotos* vergleichen, so zeigen sich deutliche Beziehungen zwischen der *Ausdehnung* der Areae und den *topographischen* Verhältnissen. Das ergibt sich im einzelnen aus den *Lagebeziehungen*, die im nächsten Abschnitt besprochen werden sollen, und gilt in geringerem Maße auch für die untergeordneten architektonischen Einheiten.

Lagebeziehungen und Gestalt

Die *Abgrenzung* der *Subregio parietalis inferior* gegen das obere *Scheitelläppchen* ist in allen bisher untersuchten Fällen durch den *Sulcus interpartietalis* gegeben. Die individuelle *Schwankungsbreite* bezieht sich nur auf die Lage zum Sulcus selbst. Die Grenze kann eben über den Sulcusrand hinausreichen, sich aber auch bis tief in den Sulcus erstrecken. In keinem Fall überschreiten die Felder des oberen Parietalläppchens den Sulcusrand nach basal. Umgekehrt handelt es sich bei den im Sulcus gelegenen Anteilen unserer Areae immer um **ip**-*Strukturen*, auf deren *Lageabhängigkeit* ich bereits bei der architektonischen Charakterisierung eingegangen bin.

In ähnlicher Weise ist der *Sulcus postcentralis* als regionale Grenze nach oral anzusehen. Hier sind jedoch auch größere Abweichungen nach beiden Seiten festzustellen (s. **Abb. 4** u. **8**).

Die *Sylvische Furche* (Fissura cerebri lateralis) tritt als regelmäßige areale Grenze nur für das *Feld* **88** in Erscheinung. Für die *Area* **89** ist die weitgehende Übereinstimmung mit dem *Gyrus supramarginalis* (G. circumflexus) typisch. Dabei sind die *Unterfelder* in der Reihenfolge **a**, **p**, **t** um das obere Ende des *Ramus occipitalis* fissurae cerebri lat. gelagert. **89a** ist meist an der oralen Seite dieses Astes gelegen und kann weit nach basal reichen (**Abb. 5**), andererseits kommt es vor, daß die orale Seite völlig von **88p** eingenommen wird (**Abb. 4**). Dadurch ist die Grenze zwischen den *Feldern* **88** und **89** ziemlich großen individuellen Schwankungen unterworfen.

Weiter caudal ist die Beziehung der architektonischen Grenze zwischen der *Regio parietalis* und den *temporalen Strukturen* zur topographischen Abgrenzung des *Parietallappens* vom *Temporallappen* viel lockerer. Überschreitungen und „Verschachtelungen" nach beiden Seiten kommen vor. Die arealen Grenzen fallen hier weniger häufig mit größeren Sulci zusammen. Vielfach liegen sie auch in geringfügigen Vertiefungen, die Beck (1955) als *„seichte Einbuchtungen"* bezeichnete und für *abortive Furchen* hält. Sanides (1958) hat diese *„Mulden und Rinnen"* eingehender untersucht und die im Zusammenhang damit regelmäßig auftretenden *„Zellverdichtungszonen"* auf Grund von *„Retardierungszeichen"* als *„persistierende Zonen"* erklärt.

Auffällig ist die in allen Fällen relativ große Ausdehnung der **t**-*Unterfelder* von **89** und **90**, deren charakteristische Struktur und typische Lage zwischen den übrigen *Subareae* einerseits und der *Regio temporalis* andererseits. Der *Flächenanteil* an der *Area* **89** bzw. **90** ist in unseren Fällen ziemlich gleichbleibend, die *topographischen* Beziehungen sind variabler. Bei **El 13re** (Abb. 9) grenzt **90p** z. T. direkt an die *Regio temporalis.*

Die in unseren arealen Karten angedeutete feinere stufenartige Differenzierung variiert individuell sehr stark und zeigt dabei keine Bevorzugung einer Hirnhälfte. Am häufigsten habe ich solche Abstufungen in dorso-ventraler Richtung bei **89p** gefunden. Sie sind myeloarchitektonisch meist nicht erkennbar, worauf auch Batsch hingewiesen hat.

Für die *Area* **90** ist die Beziehung zum *Gyrus angularis* kennzeichnend. Diese unterliegt jedoch z. T. erheblichen *individuellen Unterschieden.* Das trifft besonders für die *subareale Gliederung,* die *Größenausdehnung* und *Lage* der einzelnen Unterfelder zu mit Ausnahme von **90t**, das — wie gesagt — deutlich weniger variiert als die übrigen Subareae. Die besondere Schwierigkeit der cytoarchitektonischen Abgrenzung gegenüber der *Regio occipitalis* habe ich bereits betont.

Abwandlungen der Strukturcharakteristika

Zur Frage der *topischen* Beeinflussung der architektonischen Grundstrukturen haben sich an unserem Material keine neuen Gesichtspunkte ergeben, so daß darauf nicht nochmals eingegangen werden soll. Ich verweise auf meine einleitenden Hinweise und die dort zitierte Literatur.

Die *arealspezifischen Charakteristika* lassen sich am besten erkennen, wenn wir die Strukturbilder einer Hemisphäre in der besprochenen Reihenfolge hintereinander betrachten. Im Überblick läßt sich die Tendenz einer *Zunahme der Zelldichte von oral nach caudal* verfolgen. Dabei tritt eine deutliche *Stufung* hervor, indem innerhalb aller drei *Areae* jeweils die **p**-*Unterfelder* meist zelldichter erscheinen als die **a**-*Unterfelder.* Gegenüber dieser fronto-occipitalen Orientierung ist eine *dorso-ventrale Ausrichtung* an den **ip**-, **i**- und **t**-Strukturen abzulesen.

Einen Eindruck von der *Variationsbreite* der arealen Typen vermittelt die vergleichende Betrachtung der *homologen Strukturen* aller *gleichseitigen Hemisphären.* Schon die Gegenüberstellung der architektonischen Aufnahmen von **88a links** auf der **Tafel I** macht deutlich, daß sich die Strukturcharakteristika verschieden verhalten. Einige zeigen nur *geringe individuelle Abwandlungen*, so daß sie für die Kennzeichnung eines Griseum im Vordergrund stehen. Dazu gehören die *grobe Zellanordnung*, besonders die *feinere Schichtenanordnung*, die *Abgrenzung der Schichten* gegeneinander und Besonderheiten der *Zellformen*. Eine *größere Schwankungsbreite* habe ich für die *feinere Zellanordnung* besonders in radiärer Richtung, die absolute Schichtenbreite, die *allgemeine Zelldichte*, die *absolute Zelldichte der Schichten* und besonders die *Zellgröße* gefunden. Hier kann die Abweichung unter Umständen bei gleichen Arealen verschiedener Individuen größer sein als die Differenz zwischen zwei benachbarten Grisea der gleichen Hemisphäre. Die *Gesamtrindenbreite* ist im ganzen unteren Parietalläppchen recht einheitlich und tritt als typische areale Eigenschaft — im Sinne einer Verringerung — nur für die an die occipitalen Strukturen angepaßten Untereinheiten **o** und **oip** der *Area* **90** und weniger deutlich — mit umgekehrter Tendenz — bei den **t**-*Unterfeldern* auf. Eine topisch bedingte, wechselnde Rindenbreite habe ich bei den **i**- und **ip**-*Strukturen* gefunden.

Die geschilderten Varianten finden sich in der gleichen Weise, wenn wir die *Areale beider Hemisphären* bei den einzelnen Gehirnen vergleichen. In keinem Falle habe ich grundsätzliche, qualitative *Links-Rechts-Unterschiede* gefunden. Lediglich bei der *Gesamtzelldichte*, deren besonders große individuelle Variabilität ich schon betont habe, treten anscheinend — arealweise unterschiedlich — *zusätzliche Seiteneinflüsse* auf, indem häufig das *gleichnamige Griseum der linken Hirnhälfte* eine etwas größere *Volumenzelldichte* aufzuweisen scheint. Diese Unterschiede, die wohl hauptsächlich die *Zellgröße* betreffen, sind aber wechselnd und nicht so groß, daß sie durch einfache Beobachtung mit Sicherheit erfaßt werden können. Da es sich aber hierbei um den einzigen Hinweis auf Seitenunterschiede der untersuchten Strukturen handelt, halte ich eine weitere Klärung durch *quantitative Untersuchungen* für erforderlich.

4. *Diskussion*

Die Sichtung unserer Ergebnisse hat erkennen lassen, daß die *Variabilität* sowohl der *arealen Gliederung* als auch der *cytoarchitektonischen Gestaltung* der einzelnen Grisea verschiedenen Einflüssen unterworfen ist. Die *Größe* und *Gestalt* der Felder und Unterfelder und damit die *Lagebeziehungen* der architektonischen Einheiten zueinander werden sehr stark durch die individuelle Ausbildung der Furchen und Windungen beeinflußt. Eindeutig läßt sich aus unserem Material eine Beziehung der *Area* **88** und **89** zum *Gyrus supramarginalis* und der *Area* **90** zum *Gyrus angularis* ableiten. Die Beziehungen der arealen Grenzen zu den Furchen der Hirnrinde sind im unteren Parietalläppchen unterschiedlich. In denjenigen Abschnitten, in denen konstante und einheitlich verlaufende Furchen die Regel sind, ist eine weitgehende Bindung gegeben. Das ist besonders im oral-dorsalen Anteil der Fall, während die Verhältnisse im ventral-caudalen Anteil weniger regelmäßig sind. Diese im einzelnen besprochenen und aus den Rindenkarten ablesbaren Unterschiede sind von großer Wichtigkeit für die Verwertung von klinischen Befunden, die nicht direkt architektonisch geprüft werden können.

Auf die *architektonische Gestaltung* der Grisea hat die *Topographie* als solche keinen unmittelbaren Einfluß. Durch wechselnde *Lagebeziehungen* können jedoch unterschiedliche *topische* Faktoren eine zusätzliche *Abwandlung* bedingen. Dabei sind die Einwirkungen gleichartiger topischer Faktoren konstant, unabhängig von bestimmten Windungen oder topistischen Einheiten. Von Bedeutung ist lediglich die direkte örtliche Beziehung zu einzelnen Furchenabschnitten und die dadurch bedingte Einwirkung des Krümmungsgrades, der Rindenbreite usw. Daraus ergibt sich eine größere Variabilität der mehr oder weniger furchengebundenen **i**- und **ip**-*Strukturen*. Im übrigen ist die Schwankungsbreite der arealen Merkmale ein Ausdruck der Individualität. Auf die differenten Abwandlungstendenzen der einzelnen topistischen Merkmale hatte ich hingewiesen. Auch die, unabhängig von topischen Einflüssen, unterschiedlich starken *Anpassungen* an benachbarte Areale, besonders bei den **i**-, **ip**-, **t**- und **o**-*Strukturen* möchte ich als Ausdruck der interindividuellen Variation ansehen.

Die Frage, wie weit diese auch durch *sekundäre Faktoren* wie unterschiedliche Neuronenaktivität, mangelnde Anregung oder stärkere Beanspruchung einzelner Areale verschiedener Individuen mitbestimmt werden kann, muß noch offen bleiben. Eine gewisse Beeinflussung der *Zellgröße* ist in dieser Hinsicht wohl am ehesten denkbar. Diese zeigte neben deutlichen interarealen Unterschieden auch eine relativ große interindividuelle Streuung homologer Grisea und ließ als einziges Merkmal auch ein unterschiedliches Verhalten der *linken* und *rechten Hemisphäre* vermuten. Eine weitere Klärung läßt sich nur von *quantitativen Untersuchungen* erwarten, die für das gleiche Material vorgesehen sind. Die Einbeziehung von Neonaten- und kindlichen Gehirnen könnte wertvolle Ergänzungen ermöglichen.

Andere Hinweise auf einen seitenunterschiedlichen Bau der Hirnrinde in diesem Bereich haben die Untersuchungen an unseren Fällen mit der angewandten Methode nicht ergeben. Das schließt natürlich nicht aus, daß solche Unterschiede in anderen Regionen nachgewiesen oder auch im untersuchten Rindenabschnitt noch Differenzen durch Anwendung anderer Untersuchungsmethoden aufgedeckt werden können.

Zusammenfassung

Die *cytoarchitektonische Untersuchung* des *Lobulus parietalis inferior* dreier Erwachsenen-Gehirne ergab eine weitgehende Übereinstimmung mit den Gliederungen von Gerhardt und Batsch. Einzelne Abweichungen der *subarealen Differenzierung* wurden näher begründet.

Durch eingehende Vergleiche der sechs Hirnhälften konnten in bezug auf *Größe, Gestalt* und *Lagebeziehungen* der *topistischen Einheiten* und für die *cytoarchitektonische Gestaltung* der einzelnen Grisea Anhaltspunkte über den Umfang der *Variabilität* gewonnen werden. Die unterschiedlichen Beziehungen der

Areale zu Furchen und Windungen wurden beschrieben und auf deren Bedeutung für die Verwertung *klinischer Beobachtungen* hingewiesen. Die *cytoarchitektonischen Merkmale* sind verschieden stark an den *Abwandlungen* der untersuchten Grisea beteiligt. Es wurde versucht, ursächliche Faktoren dafür aufzudecken und deren Einwirkungen zu analysieren.

Signifikante *intraindividuelle* Unterschiede bei *homologen Strukturen* der *linken* und *rechten Hemisphären* ergaben sich nicht. Lediglich Seitenunterschiede in bezug auf die *Gesamtvolumenzelldichte*, die hauptsächlich durch unterschiedliche *Zellgrößen* bedingt zu sein scheinen, geben einen Hinweis auf möglicherweise differente *Seitenwertigkeiten* einzelner Areale. Zur weiteren Klärung werden zusätzliche Untersuchungen vorgeschlagen und z. T. für das gleiche Material angekündigt.

Literatur

Bailey, P. and G. v. Bonin, The isocortex of man. Urbana. University of Illinois Press, 1951. — Batsch, E.-G., Die myeloarchitektonische Untergliederung des Isocortex parietalis beim Menschen. J. Hirnforsch. **2**, 225 (1956). — Beck, E., Die Myeloarchitektonik der dorsalen Schläfenlappenrinde beim Menschen. J. Psychol. u. Neur. **41**, 129 (1930). — Ders., Unterschied zwischen links und rechts im cytoarchitektonischen Bau der vorderen Zentralwindung und die Frage der Linkshirnigkeit. Dtsch. Z. Nervenheilk. **163**, 183 (1950). — Ders., Nachweis vom unterschiedlichen Bau in der linken und rechten hinteren Zentralwindung und die Frage der Rechts- und Linkshirnigkeit. Dtsch. Z. Nervenheilk. **163**, 214 (1950). — Ders., Typologie des Gehirns am Beispiel des dorsalen menschlichen Schläfenlappens nebst weiteren Beiträgen zur Frage der Links-Rechts-Hirnigkeit. Dtsch. Z. Nervenheilk. **173**, 267 (1955). — Blinkow, S. M., Über die Variabilität der Großhirnrindenstruktur, Der Temporallappen. III. Regio temporalis beim erwachsenen Menschen. Les traveux de l'institut du cerveau **3—4**, 313 (1938). — Bok, S. T., Der Einfluß der in den Furchen und Windungen auftretenden Krümmungen der Großhirnrinde auf die Rindenarchitektur. Z. ges. Neurol. Psychiat. **121**, 682 (1929). — Brodmann, K., Beiträge zur histologischen Lokalisation der Großhirnrinde. Dritte Mitteilung: Die Rindenfelder der niederen Affen. J. Psychol. u. Neur. **4**, 177 (1905). — Vl. Mitteilung: Die Cortexgliederung des Menschen. J. Psychol. u. Neur. **10**, 231 (1908). — Critchley, M., The parietal lobes. London, Arnold, 1953. — Economo, C. v. u. G. N. Koskinas, Die Cytoarchitektonik der Hirnrinde des erwachsenen Menschen, Springer 1925. — Feremutsch, K., Die Variabilität cytoarchitektonischer Strukturen und ihre Bedeutung für die cytoarchitektonische Methodik. Schweiz. Mediz. Wochenschr. Basel **79**, 459 (1949). — Filimonow, I. N., Über die Variabilität der Großhirnrindenstruktur. I. Allgemeine Betrachtungen. II. Regio occipitalis beim erwachsenen Menschen. J. Psychol. u. Neur. **42**, 210 (1931) und **44**, 1 (1932). — Gerhardt, E., Der Isocortex parietalis beim Schimpansen. J. Psychol. u. Neur. **48**, 329 (1938). — Dies., Die Cytoarchitektonik des Isocortex parietalis beim Menschen. J. Psychol. u. Neur. **49**, 367 (1940). — Heinze, G., Zytoarchitektonische Untergliederung der Area occipitalis. J. Hirnforsch. **1**, 173 (1954). — Hopf, A., Zur architektonischen Gliederung der menschlichen Hirnrinde. J. Hirnforsch. **1**, 442 (1954). — Ders., u. H. Grfn. Vitzthum, Über die Verteilung myeloarchitektonischer Merkmale in der Scheitellappenrinde beim Menschen. J. Hirnforsch. **3**, 79 (1957). — Kaes, Th., Die Großhirnrinde des Menschen in ihren Massen und in ihrem Fasergehalt. Jena, 1907. — Kleist, K., Gehirnpathologie, Leipzig, Joh. Ambr. Barth, 1934. — Ders., Ludwig-Aschoff-Vorlesung, Freiburg/Brsg., 24. 6. 1959. — Konova, E., Variability of structure of cerebral cortex. Lower frontal convolution of an adult. Contributions from the Brain Institute, Moscow **1**, 49 (1935). — Kunitzki,

A., Abhängigkeit der Struktur und Funktion der Großhirnrinde. Tagungsber. Pawlow-Tagung, Leipzig, 15. 1. 1953, 218. — Lungwitz, W., Zur myeloarchitektonischen Untergliederung der menschlichen Area praeoccipitalis [Area 19 Brodmann). J. Psychol. u. Neur. **47**, 607 (1937). — Sanides, F., Vorläufige Darstellung eines histologischen Phänomens an cytoarchitektonischen Feldergrenzen. J. Hirnforsch. **4**, 273 (1958). — Sapir, J. D., Zur individuellen Architektonik der Großhirnrinde des Menschen. J. Psychol. u. Neur. **39**, 390 (1929). — Schulze, H. A. F., Die Notwendigkeit einer topistischen Aphasieforschung und die Abhängigkeit der Rechenstörungen vom prämorbiden Rechentyp. Psychiat., Neurol. u. Med. Psycholog. **11**, 50 (1959). — Sevcenko, J. G., Individuelle und Gruppenvariation der Cytoarchitektonik des unteren Teils des Schläfenlappens beim rezenten Menschen. Vestn. Akad. med. Nauk. (russ.) **11**, 35 (1956). — Ssarkissow, S. A., I. N. Filimonow, E. P. Kononowa, N. S. Preobrashenskaja u. L. A. Kukujew, Atlas der Zytoarchitektonik des Menschen. Staatsverlag der Medizinischen Literatur. Medgis, Moskau, 1955. — Strasburger, E. H., Vergleichende myeloarchitektonische Studien an der erweiterten Brocaschen Region des Menschen. J. Psychol. u. Neur. **48**, 477 (1938). — Vogt, C. und O., Allgemeine Ergebnisse unserer Hirnforschung. J. Psychol. u. Neur. **25**, 279 (1919), Erg.-H. 1. — Dies., Die vergleichend-architektonische und die vergleichend-reizphysiologische Felderung der Großhirnrinde unter besonderer Berücksichtigung der menschlichen. Die Naturwissenschaften **14**, 1191 (1926). — Dies., Gestaltung der topistischen Hirnforschung und ihre Förderung durch den Hirnbau und seine Anomalien. J. Hirnforsch. **1**, 1 (1954). — Vogt, O., Quelques considérations générales sur la myéloarchitecture du lobe frontal. Revue Neurol., 1910. — Ders., Die Myeloarchitektonik des Isocortex parietalis. J. Psychol. u. Neur. **18**, 379 (1911). — Ders., Furchenbildung und architektonische Rindenfelderung. J. Psychol. u. Neur. **29**, 438 (1923).

Bemerkungen zu den Phototafeln

Es ist aus räumlichen Gründen nicht möglich, Mikrophotogramme aller Areale von allen Hemisphären wiederzugeben. Aus diesem Grunde wurden die Photos in drei Gruppen so zusammengestellt, daß jeweils verschiedene Vergleichsmöglichkeiten im Vordergrund stehen. In der ersten Gruppe sind für die *Area* **88** die Aufnahmen aller vorhandenen Strukturen der sechs Hemisphären vertreten, um ein möglichst vollständiges Bild der *individuellen Variation* und gleichzeitig die Möglichkeit des *Seitenvergleichs* zu geben. Die zweite Gruppe umfaßt alle arealen Einheiten des *Feldes* **89** beider Hemi*sphären* von **A 58** und läßt vor allem *Vergleiche* zwischen beiden Hemisphären zu und die *intraareale Strukturabwandlung* erkennen. In der dritten Gruppe sind für die *Area* **90** alle Grisea der drei linken Hirnhälften enthalten, um in erster Linie die *individuelle Variabilität* zu demonstrieren.

Die Abbildungen sind Ausschnitte aus mikrophotographischen Aufnahmen, die auf der optischen Bank im direkten mikroskopischen Vergrößerungsmaßstab 100:1 hergestellt und für den Druck nachträglich um $^1/_3$ verkleinert wurden.

Bei der Auswahl wurde bewußt nicht angestrebt, möglichst übereinstimmende Ausschnitte der betreffenden Strukturen zu erfassen, sondern die vielseitigen Abwandlungen durch individuelle Variationen und topische Einflüsse zu zeigen. Dies ist ohnehin nur in beschränktem Umfang möglich. Die relativ kleinen Ausschnitte können nur einen gewissen Eindruck von den möglichen Abweichungen und der dennoch erkennbaren Grundstruktur vermitteln. Ein vollständiges Bild der Strukturabwandlungen ließe sich nur in einem umfangreichen Atlas darstellen. Die primäre Gliederung erfordert grundsätzlich das direkte Studium der Originalschnitte.

Verzeichnis der Photoausschnitte

(Abbildungsmaßstab $66^2/_3$: 1)

Nr.	Bezeichnung des Präparates			Areale Einheit	Photo- Nr. (Ph.-Nr.)
	Gehirn-bezeichnung	Nr. des Paraffin-Blockes	Schnitt-Nr.		
1	A 58	4	898	88 a	37339
2	A 65	l 3	400	88 a	38088
3	El 13	l 3	602	88 a	38194
4	A 58	r 3	750	88 a	37340
5	A 65	r 3	600	88 a	38090
6	El 13	r 3	1000	88 a	38195
7	A 58	l 4	498	88 p	37341
8	A 65	l 3	650	88 p	38092
9	El 13	l 3	550	88 p	38196
10	A 58	r 3	650	88 p	37342
11	A 65	r 3	450	88 p	38091
12	El 13	r 3	450	88 p	38197
13	A 58	l 4	200	88 pi	37344
14	A 65	l 3	552	88 pi	38094
15	A 58	r 3	601	88 pi	37345
16	El 13	r 3	651	88 pi	38198
17	A 58	r 3	302	88 pip	37346
18	A 65	r 3	600	88 pip	38089
19	El 13	r 3	550	88 pip	38199
20	A 58	l 4	200	89 a	37343
21	A 58	l 4	74	89 ai	37840
22	A 58	l 4	302	89 aip	37842
23	A 58	r 3	152	89 a	37347
24	A 58	r 3	475	89 ai	37841
25	A 58	r 3	51	89 aip	37843
26	A 58	l 5	701	89 p	37846
27	A 58	l 5	701	89 pi	37847
28	A 58	l 5	600	89 pip	37844
29	A 58	r 4	349	89 p	37845
30	A 58	r 4	245	89 pip	37849
31	A 58	l 5	701	89 t	37848
32	A 58	r 4	245	89 t	37850
33	A 58	l 5	198	90 a	37851
34	A 65	l 4	398	90 a	38107
35	El 13	l 4	750	90 a	38286
36	A 58	l 5	300	90 ai	37855
37	A 58	l 5	198	90 aip	37851
38	A 65	l 4	196	90 aip	38109
39	El 13	l 4	650	90 aip	38287
40	A 58	l 5	75	90 p	37856
41	A 65	l 4	454	90 p	38111
42	El 13	l 4	700	90 p	38292
43	A 58	l 5	149	90 pi	37859
44	A 65	l 4	603	90 pip	38114

Verzeichnis der Photoausschnitte
(Fortsetzung)

Nr.	Bezeichnung des Präparates			Areale Einheit	Photo-Nr. (Ph.-Nr.)
	Gehirnbezeichnung	Nr. des Paraffin-Blockes	Schnitt-Nr.		
45	A 58	I 5	75	90 t	37857
46	A 65	I 4	603	90 t	38113
47	El 13	I 4	500	90 t	38290
48	A 58	I 6	500	90 o	37862
49	A 65	I 4	549	90 o	38116
50	El 13	I 4	900	90 o	38295
51	A 58	I 6	150	90 oip	37864
52	A 65	I 4	798	90 oip	38117
53	E 13	I 4	1100	90 oip	38296

Anschrift des Verfassers:

Dr. med. Heinz Schulze, Universitätsnervenklinik der Charité,
Berlin N 4, Schumannstr. 20/21.

Tafel I 88 a links

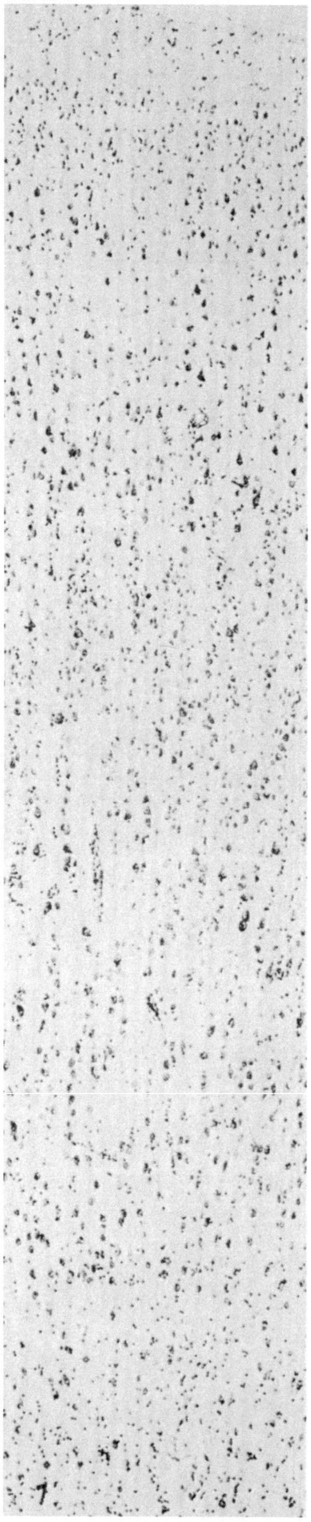

A 58

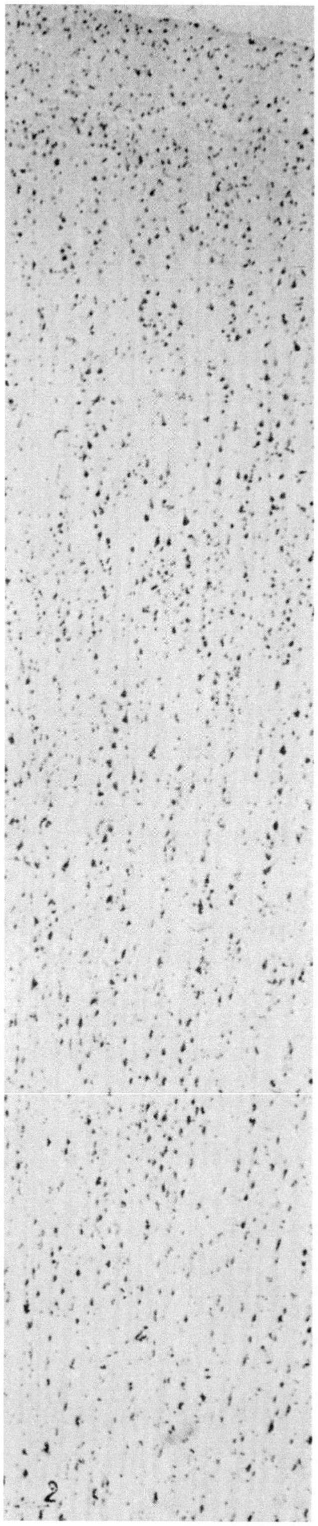

A 65

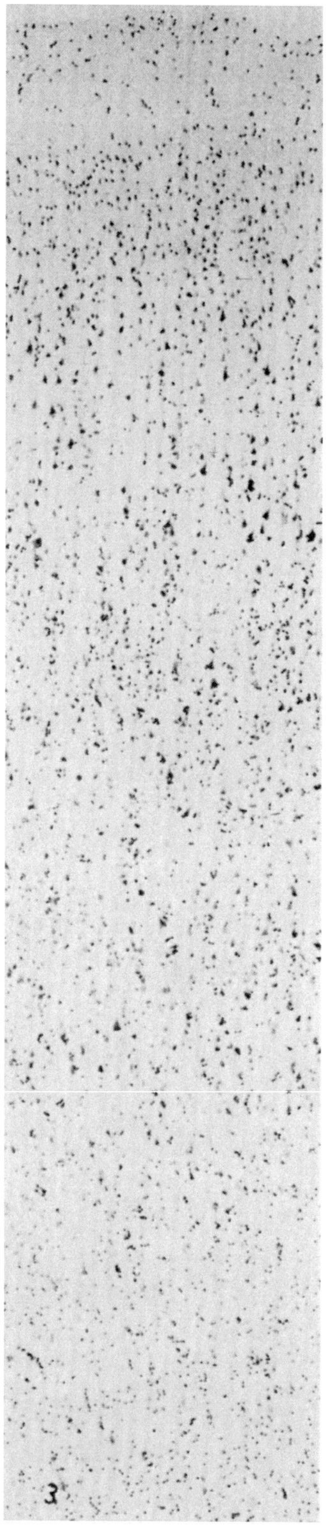

El 13

Tafel II

88 a rechts

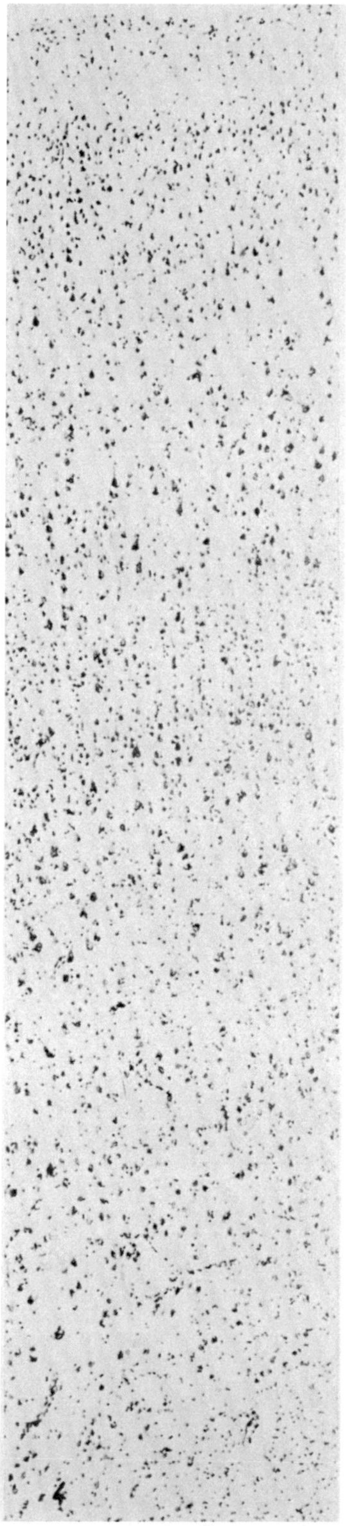

A 58

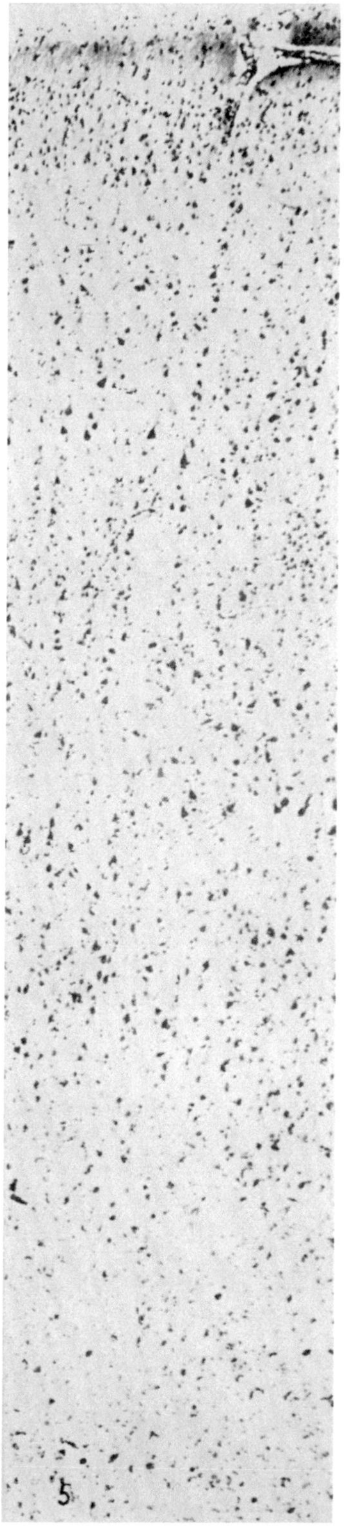

A 65

El 13

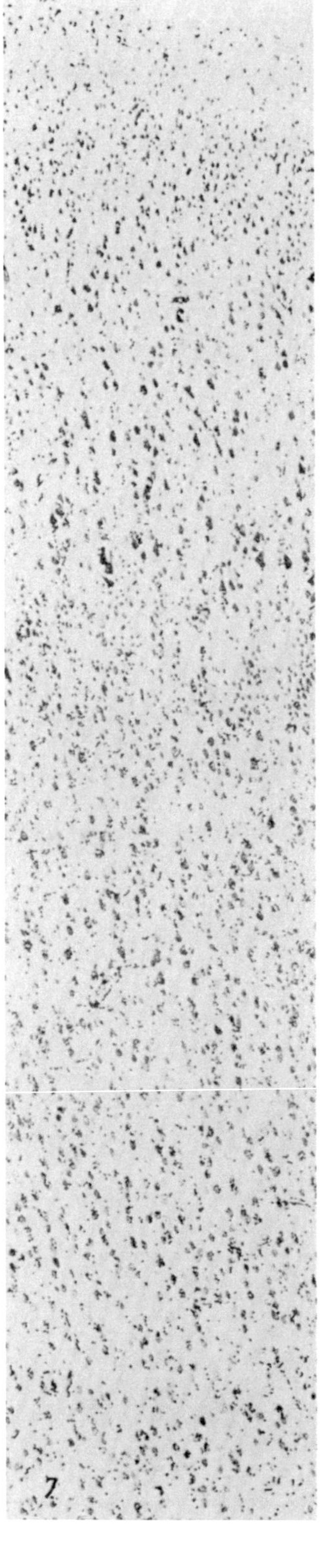

A 58

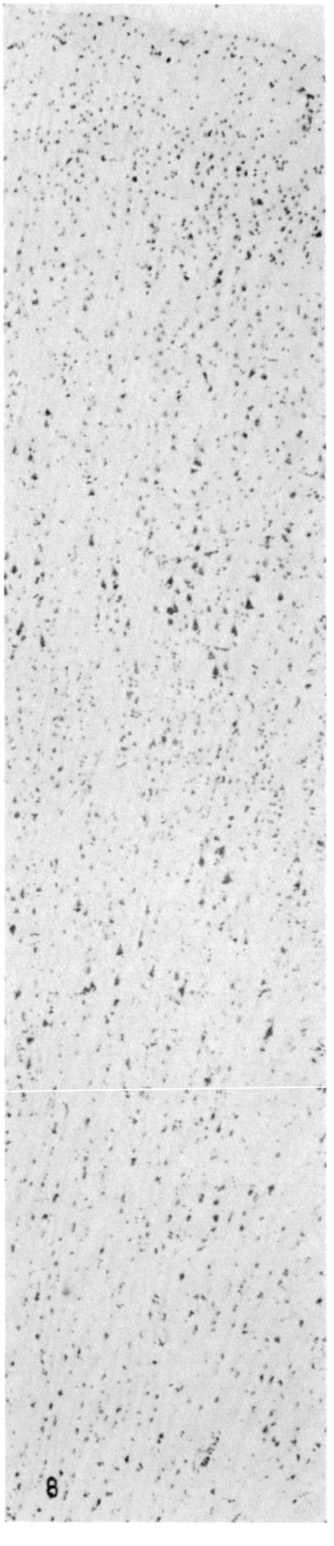

A 65

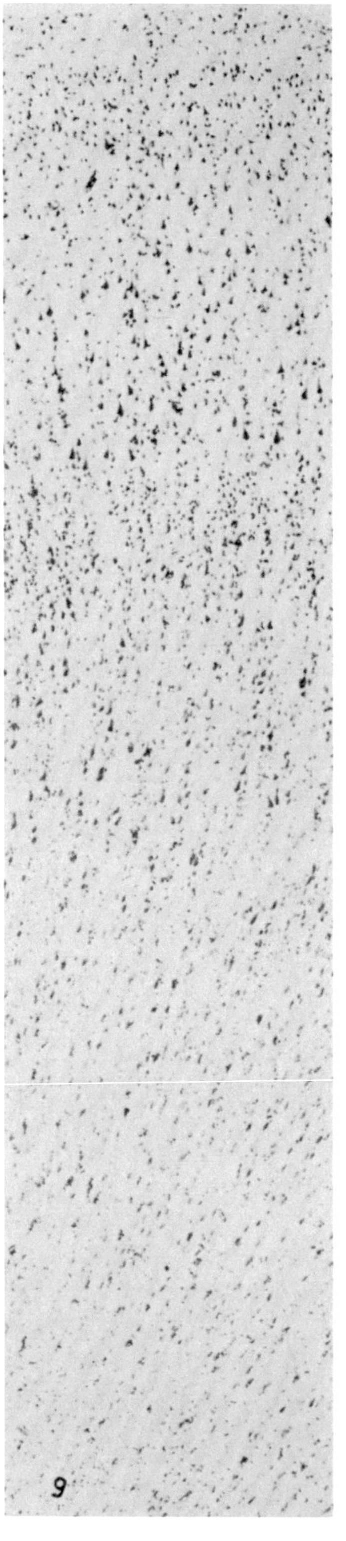

El 13

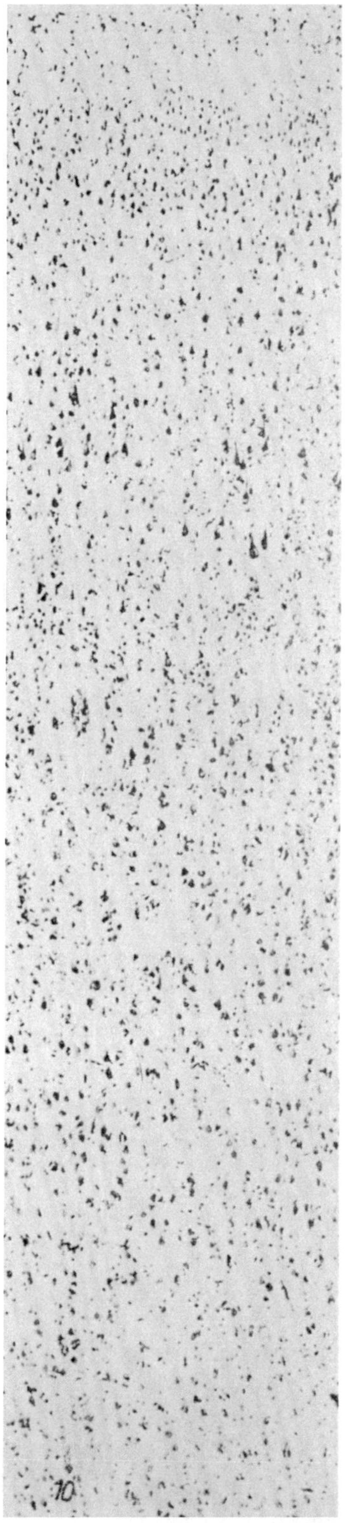

A 58

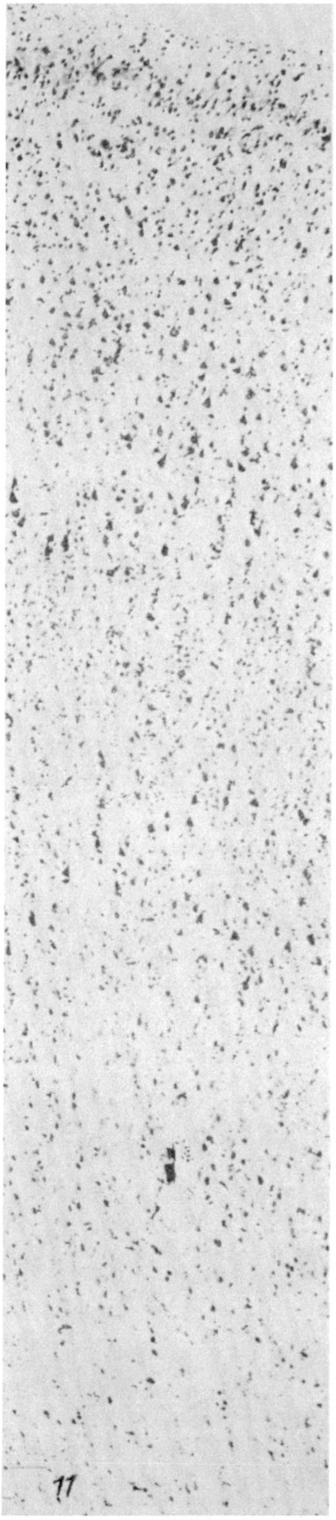

A 65

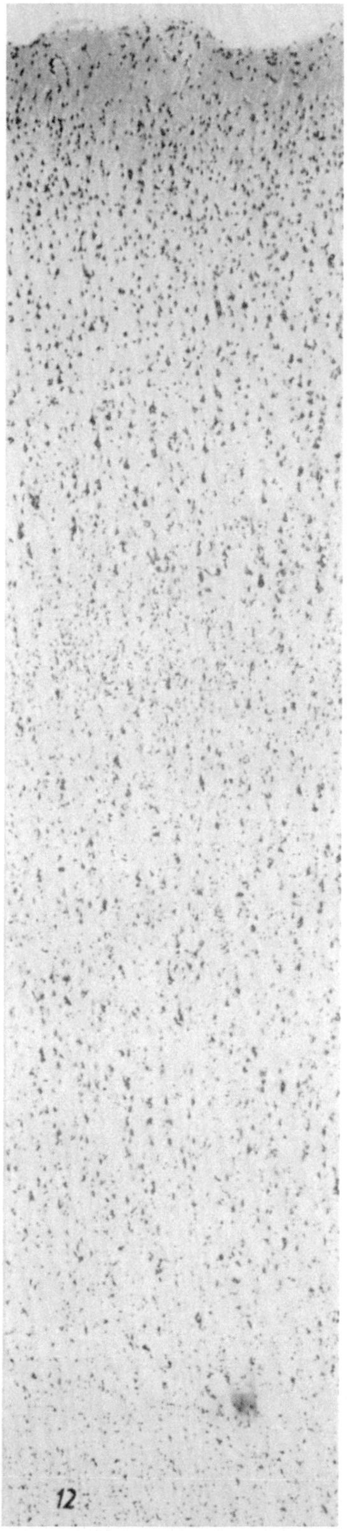

El 13

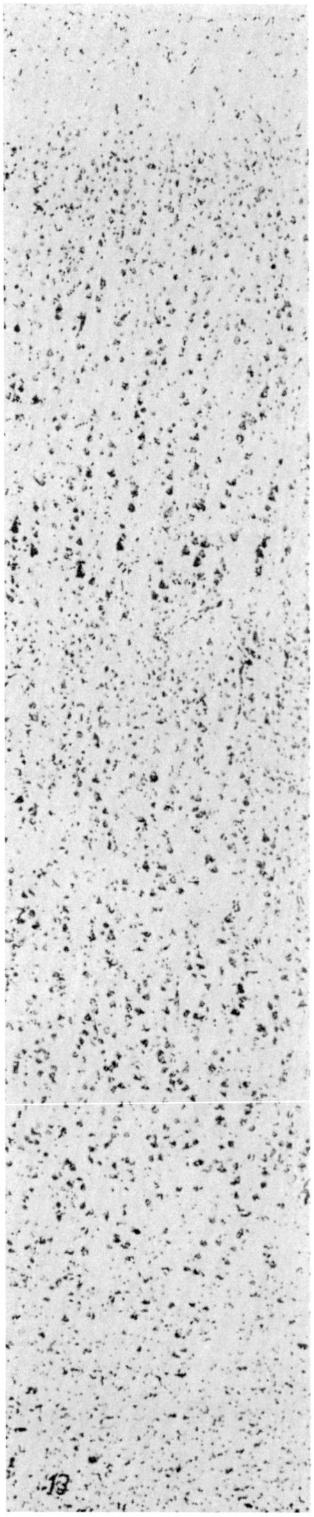

A 58 li

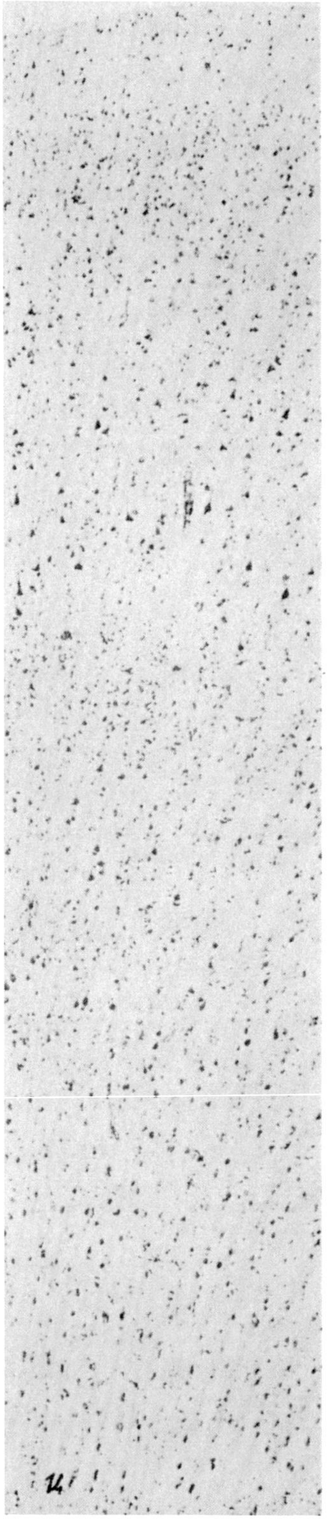

A 65 li

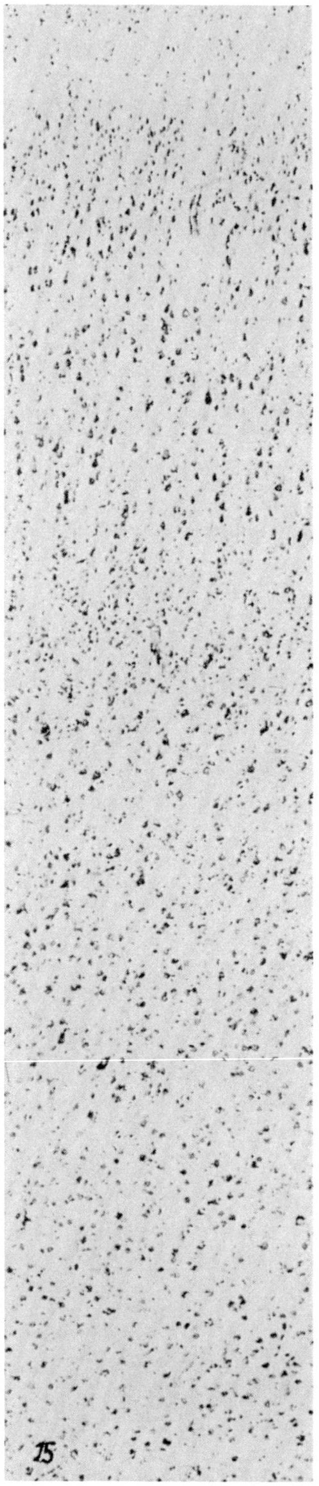

A 58 re

Tafel VI 88 pi (16) und 88 pip rechts

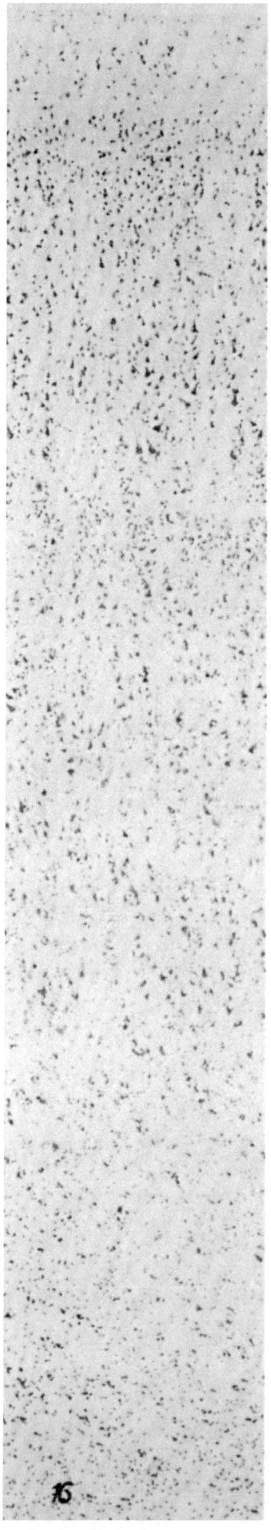

El 13 re

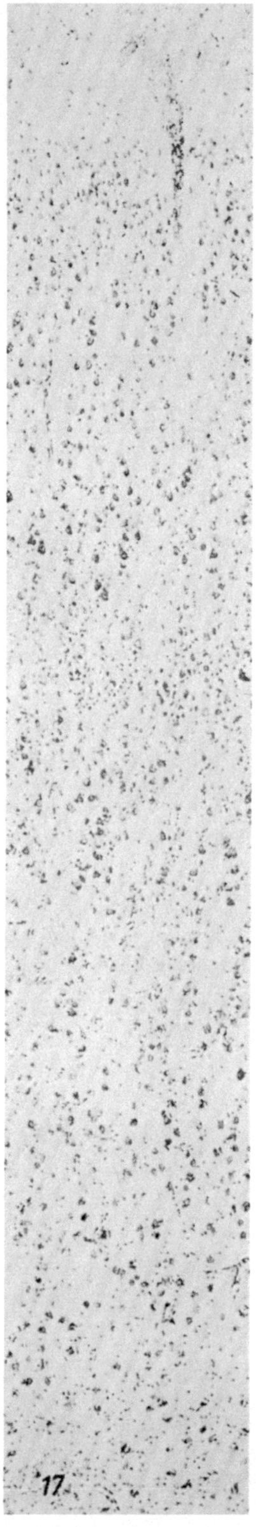

A 58

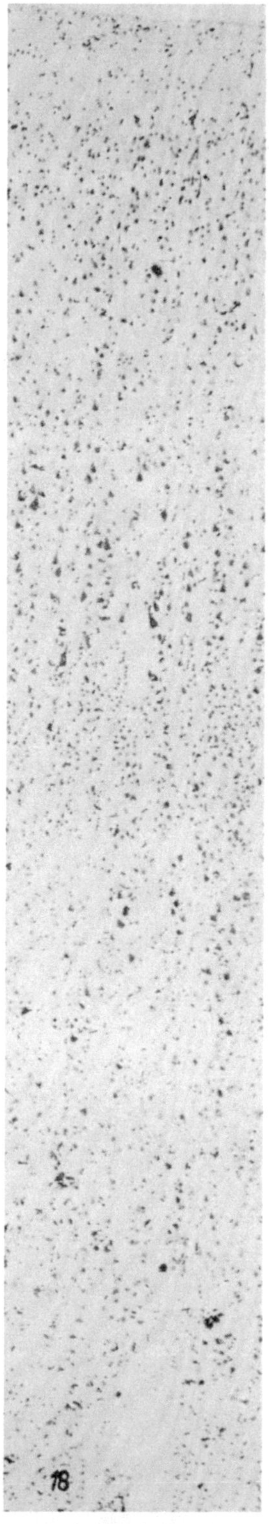

A 65

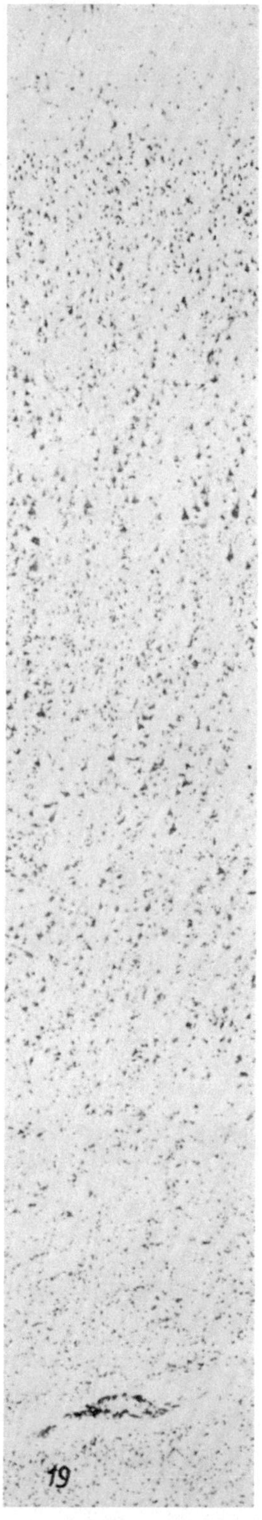

El 13

Tafel VII A 58 links

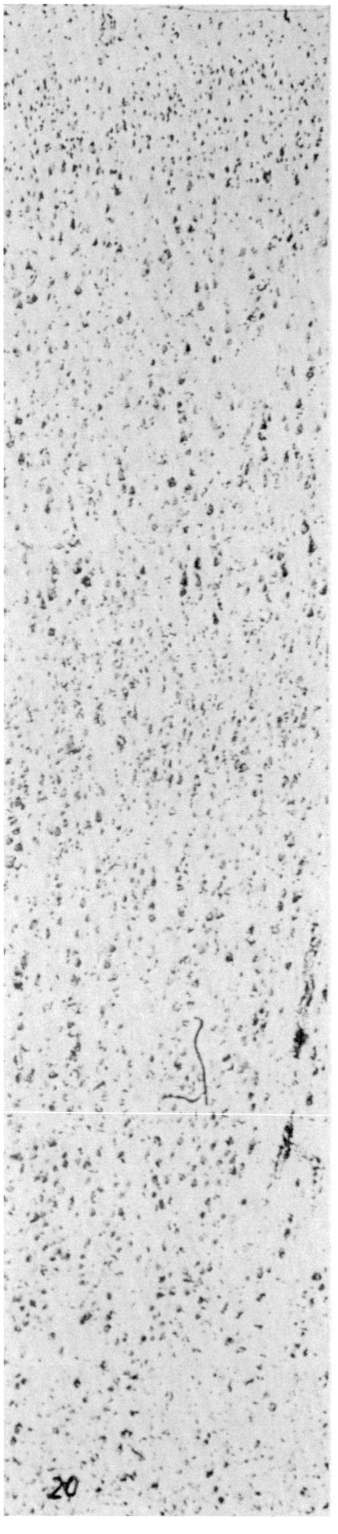

89 a

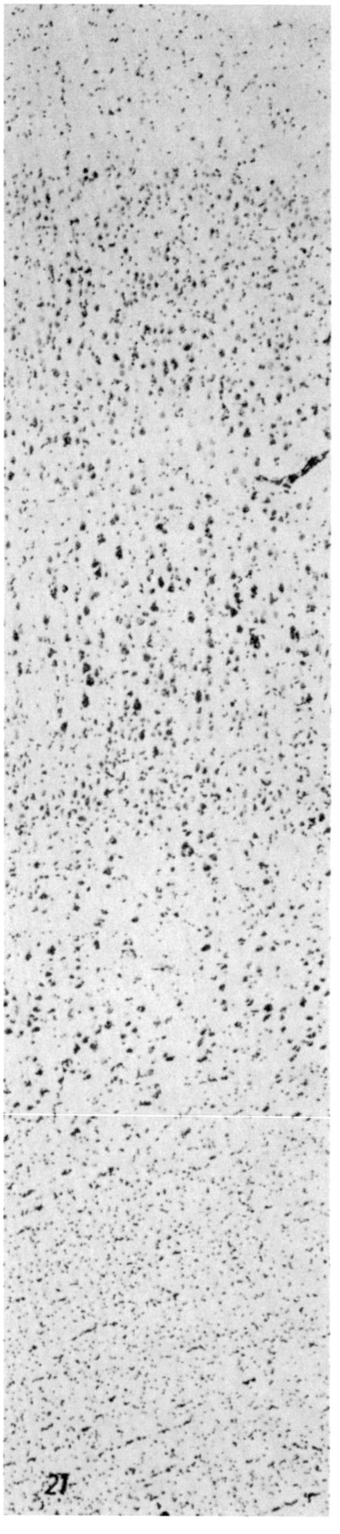

89 ai

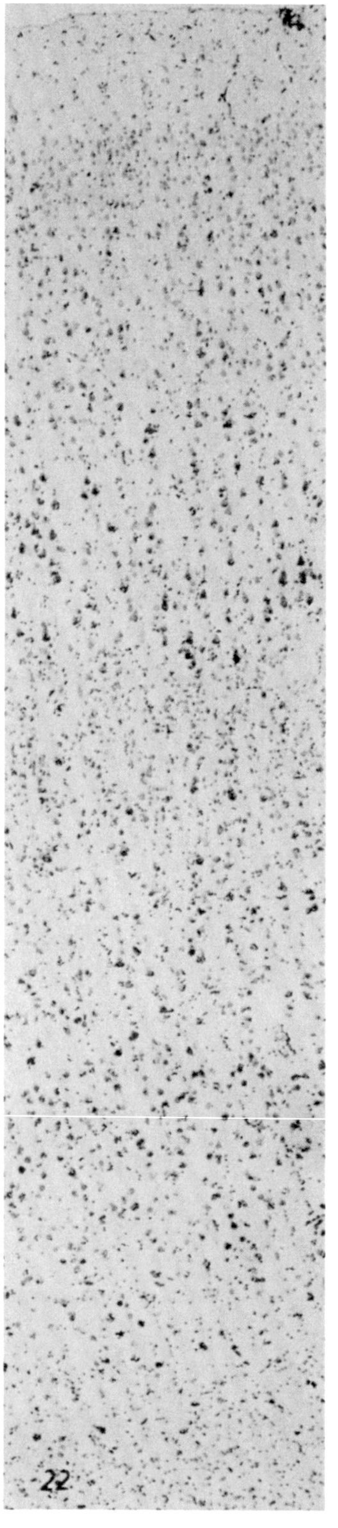

89 aip

Tafel VIII A 58 rechts

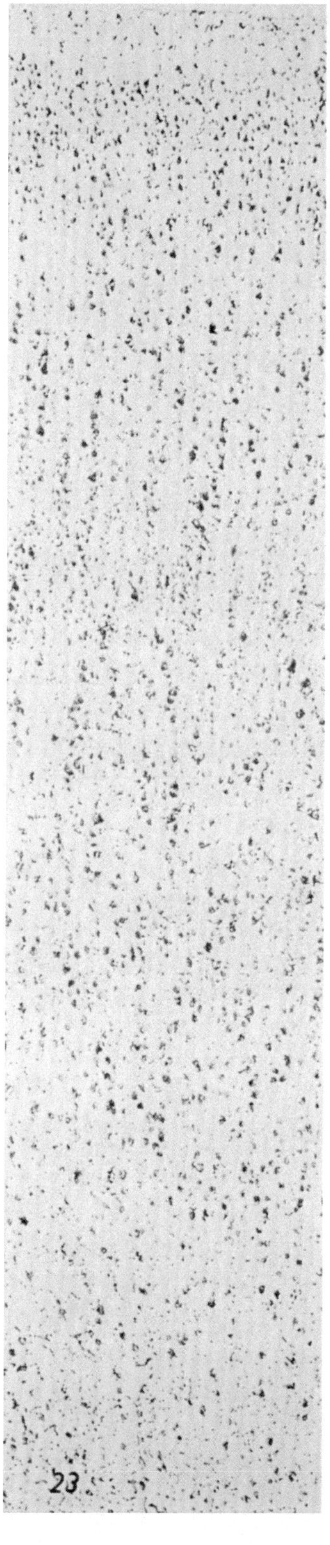

89 a

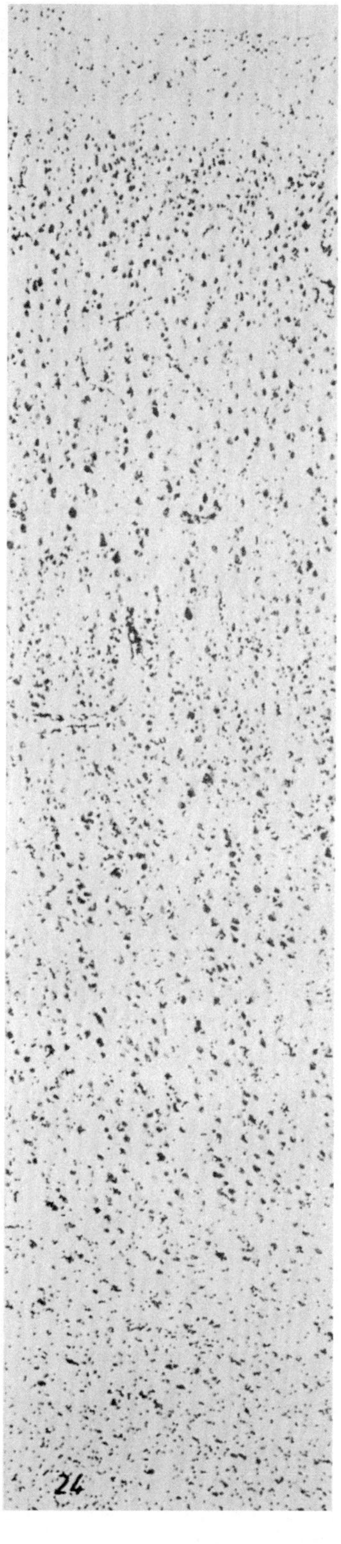

89 ai

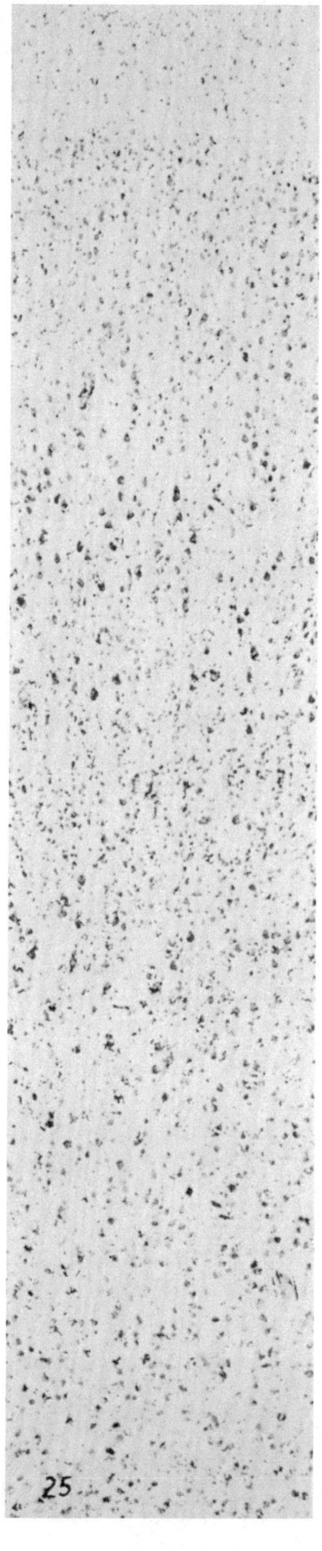

89 aip

Tafel IX A 58 links

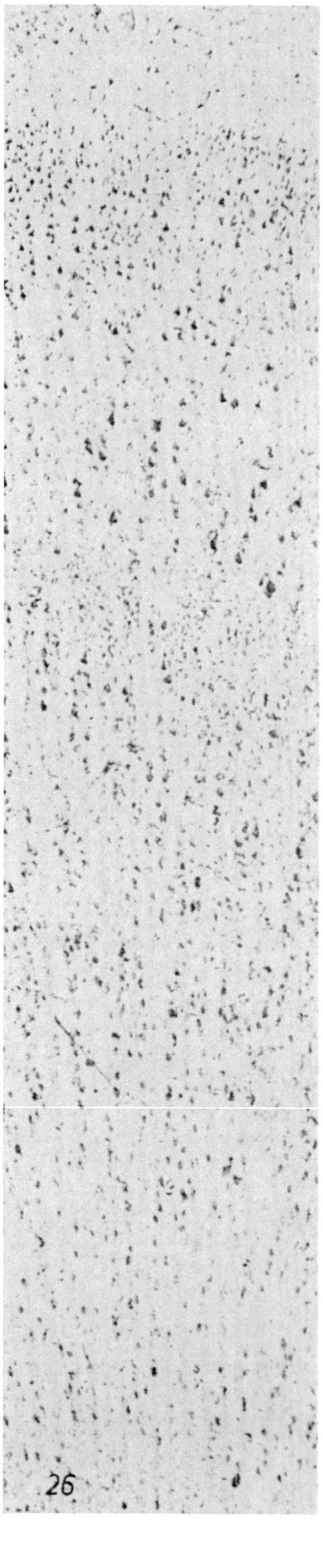

89 p

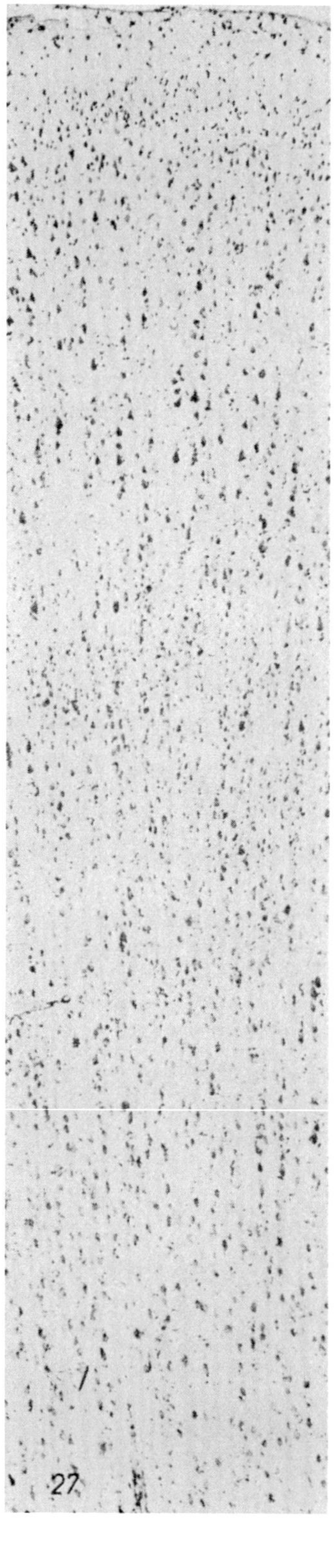

89 pi

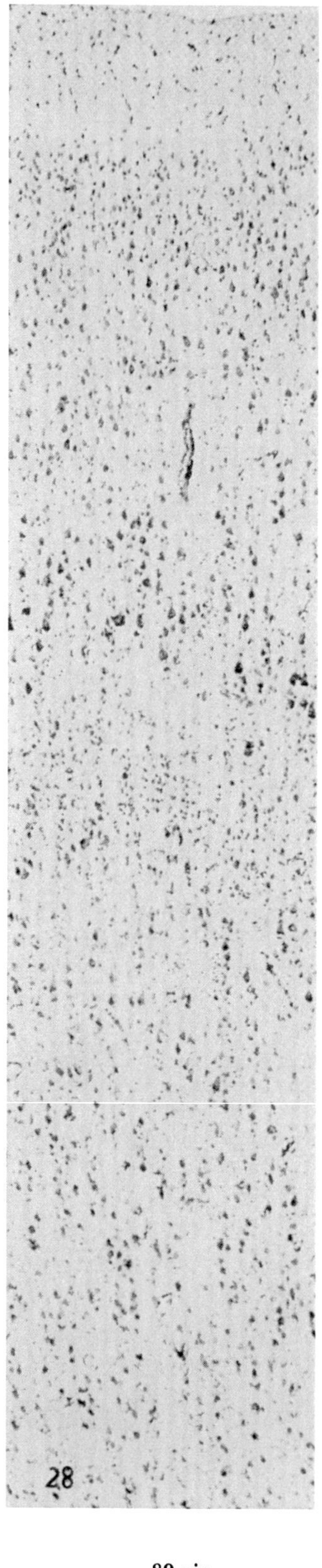

89 pip

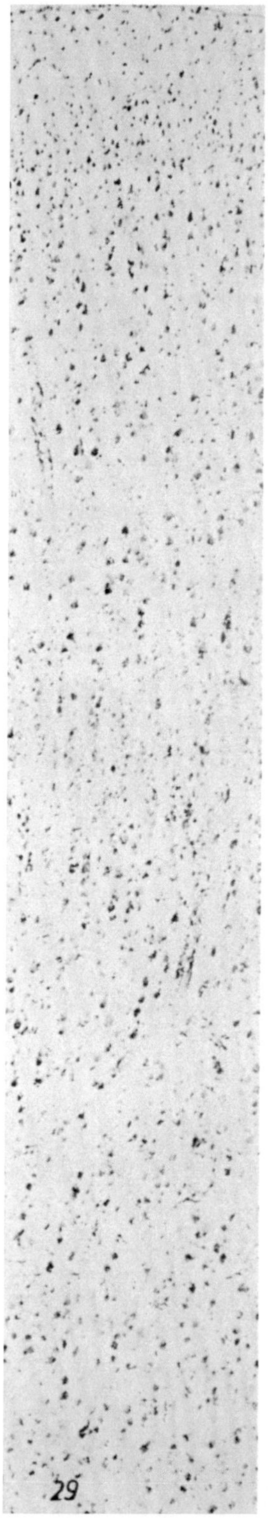

89 p re

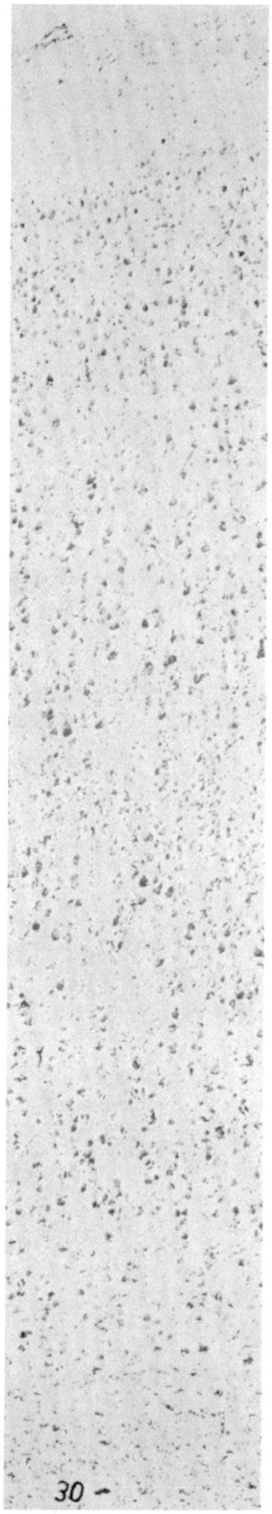

89 pip re

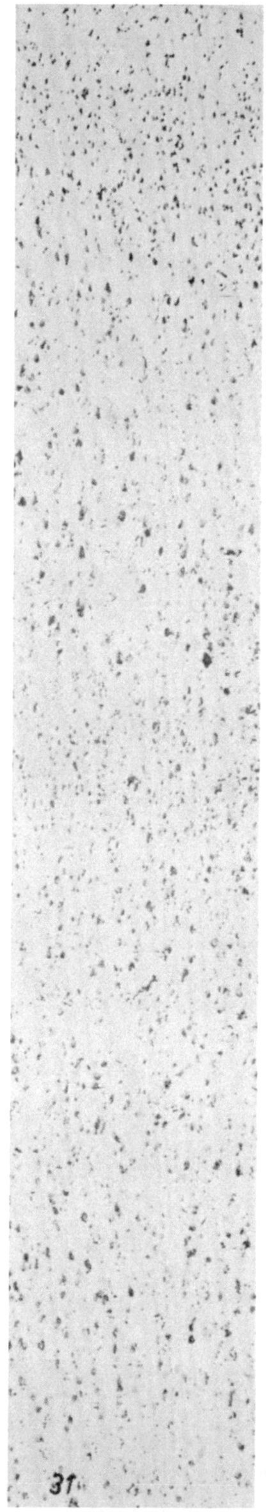

89 t li

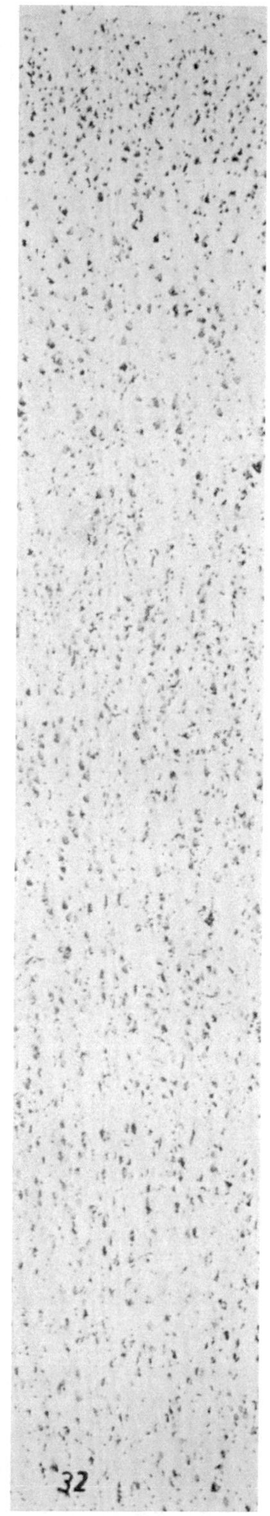

89 t re

Tafel XI

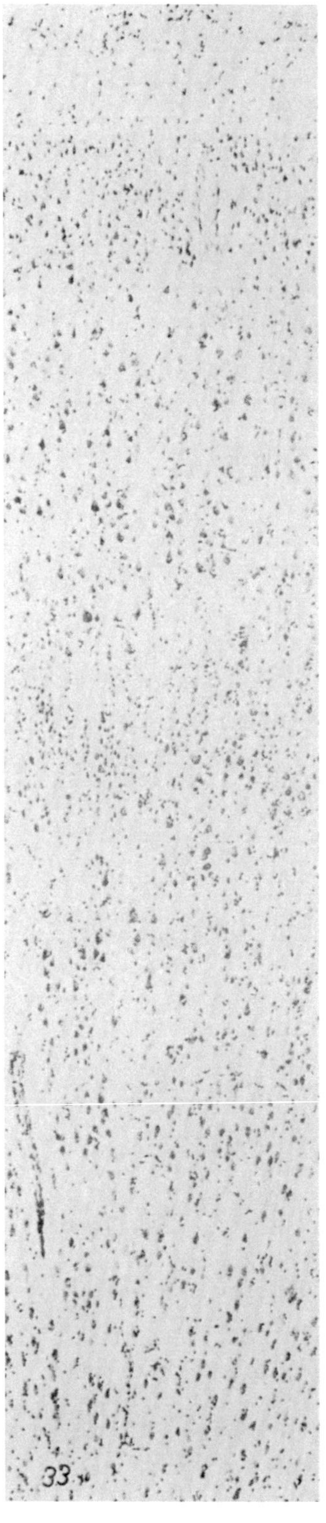

A 58

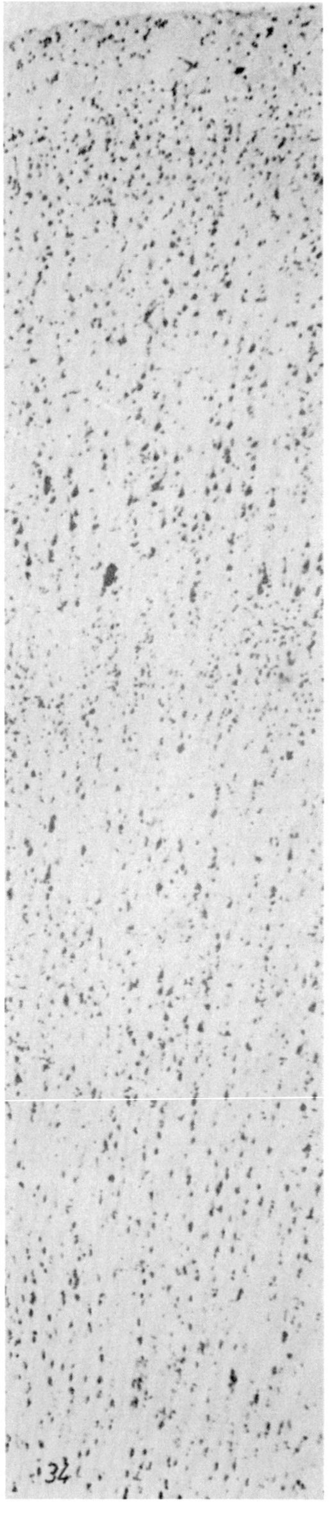

A 65

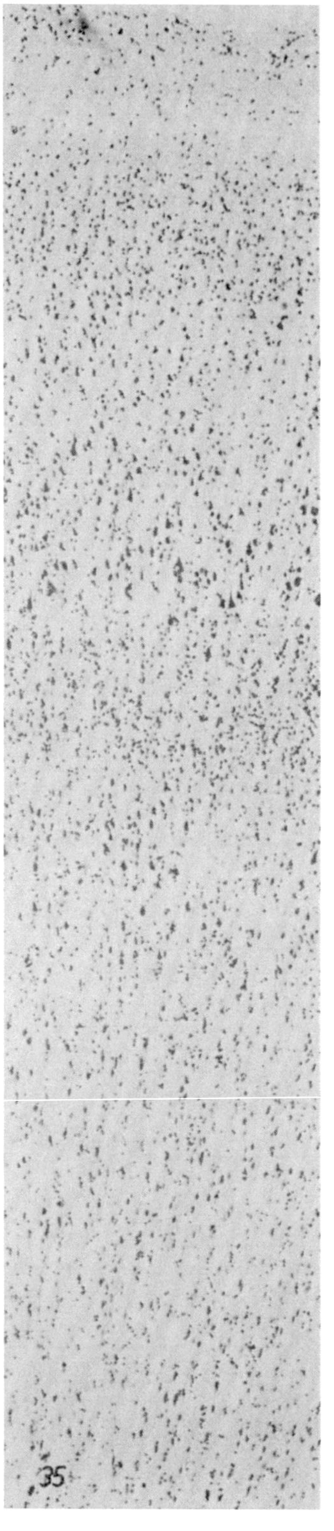

El 13

Tafel XII 90 ai (36) und 90 aip links

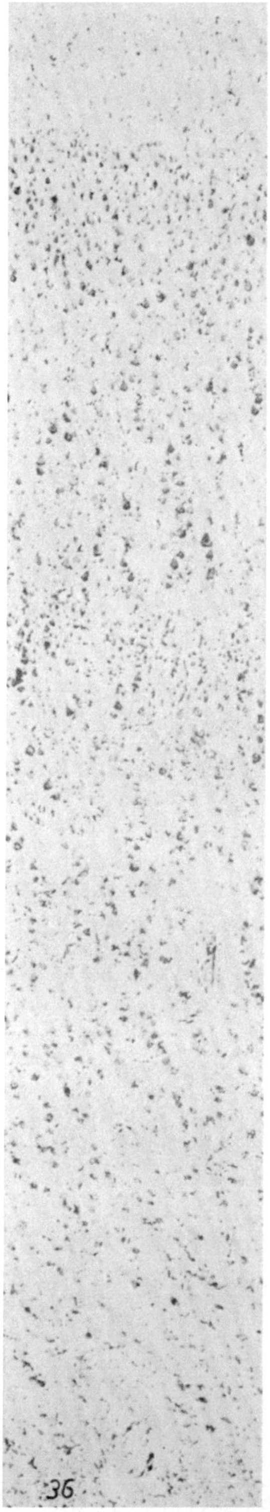

A 58

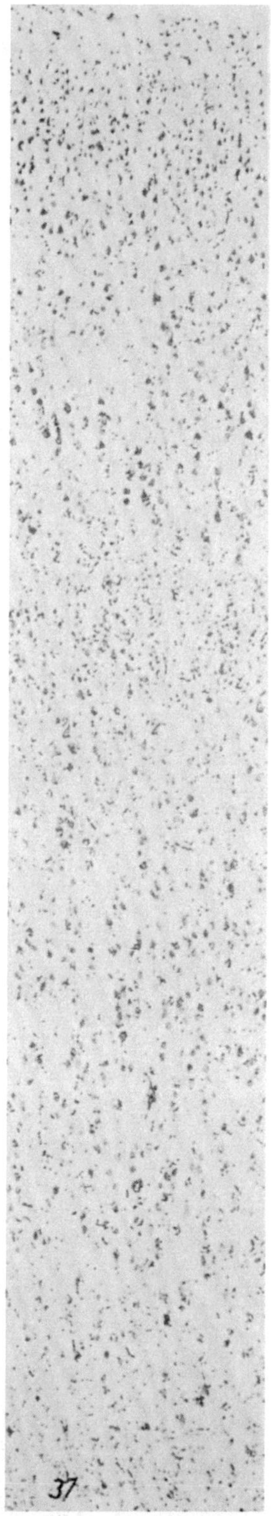

A 58

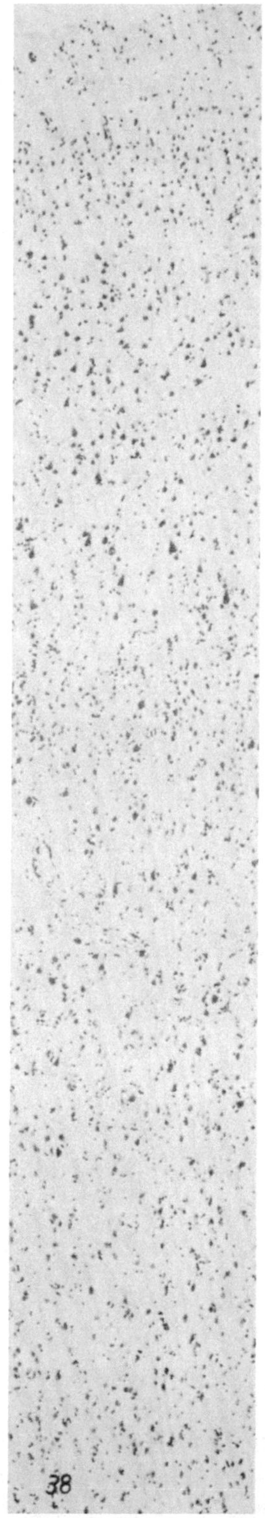

A 65

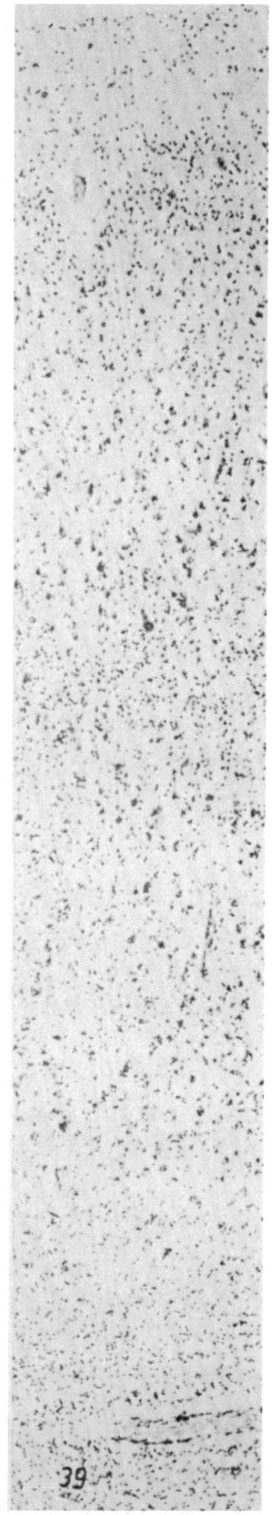

El 13

Tafel XIII 90 p links

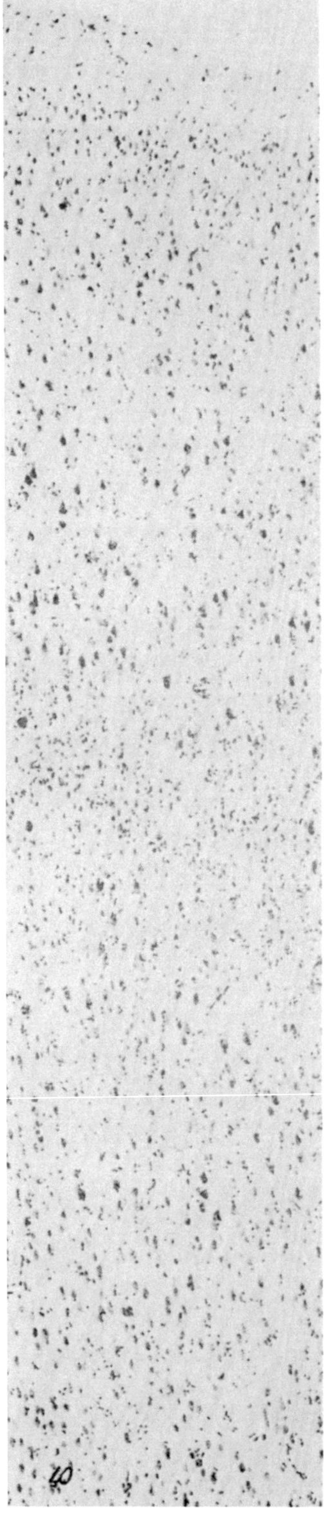

A 58

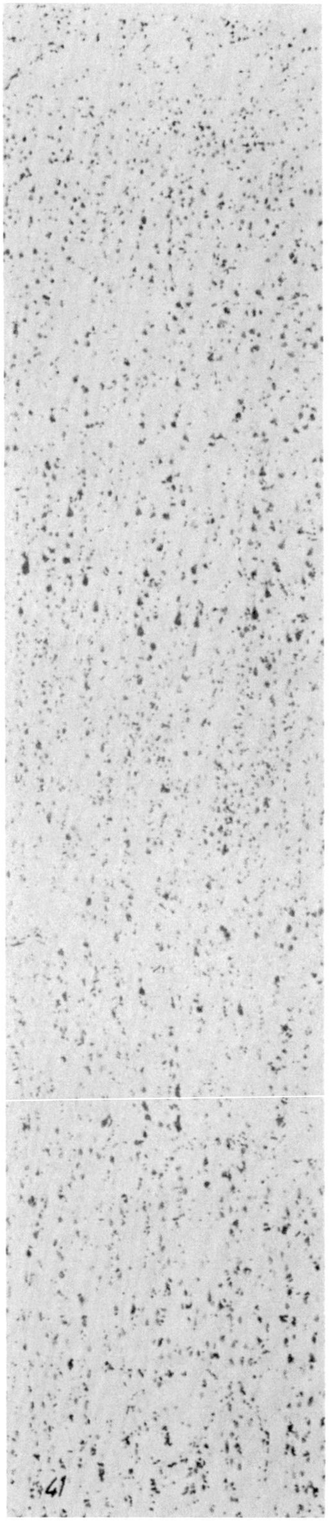

A 65

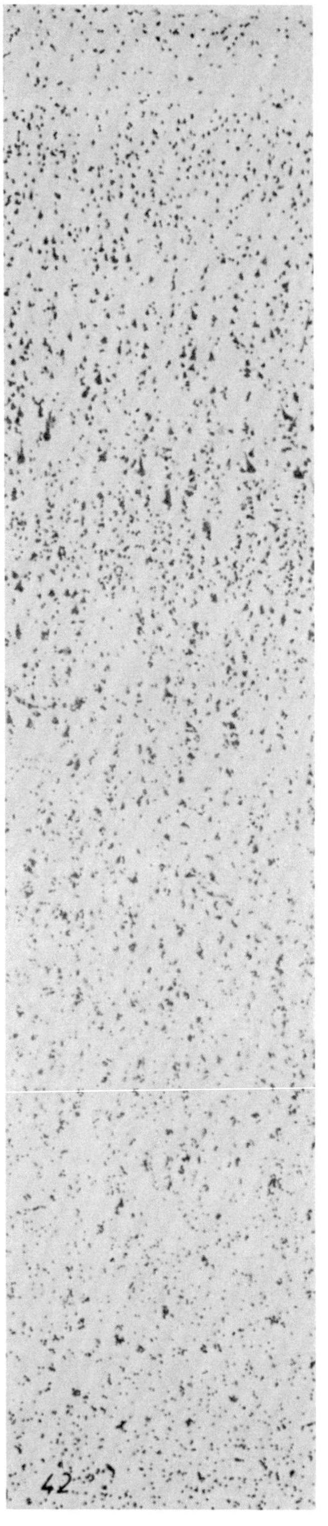

El 13

Tafel XIV

90 pi und 90 pip links

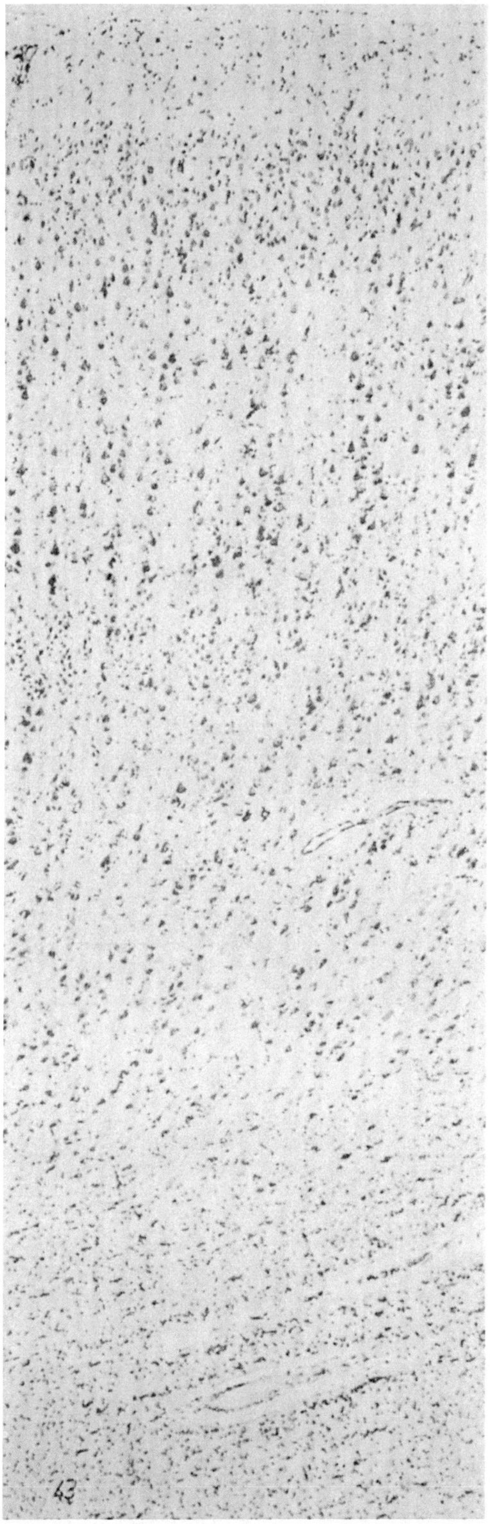

A 58

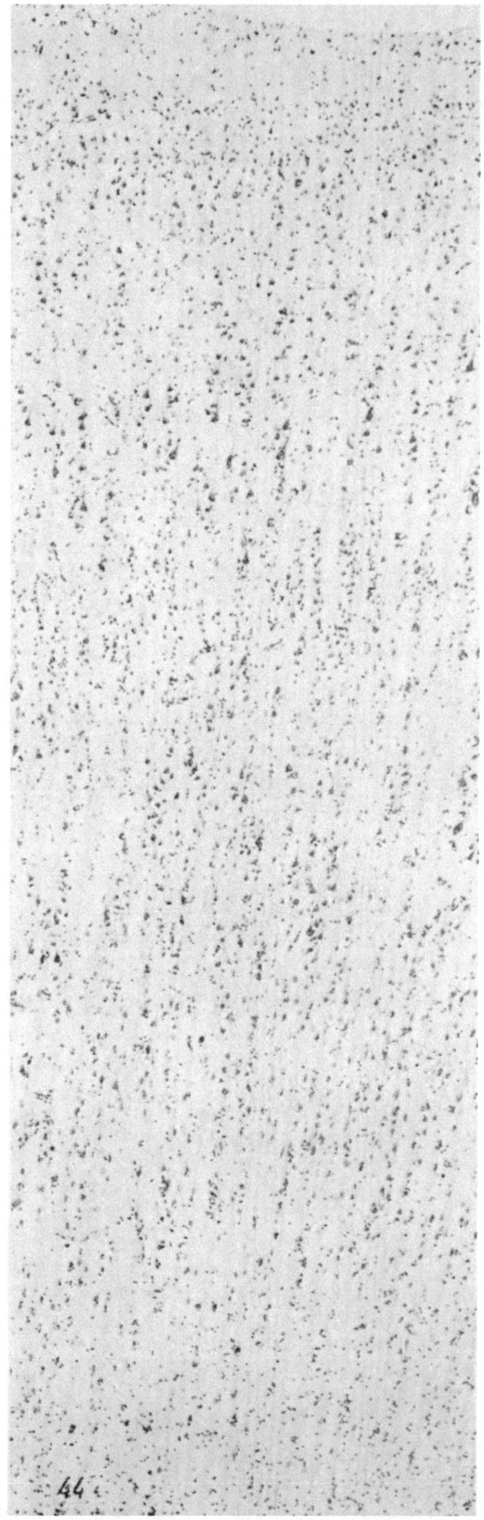

A 65

Tafel XV 90 t links

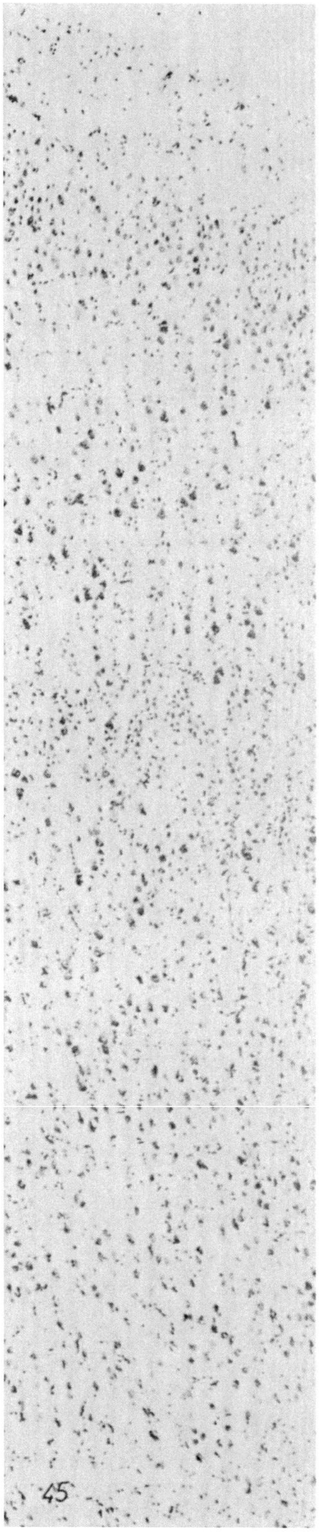

A 58

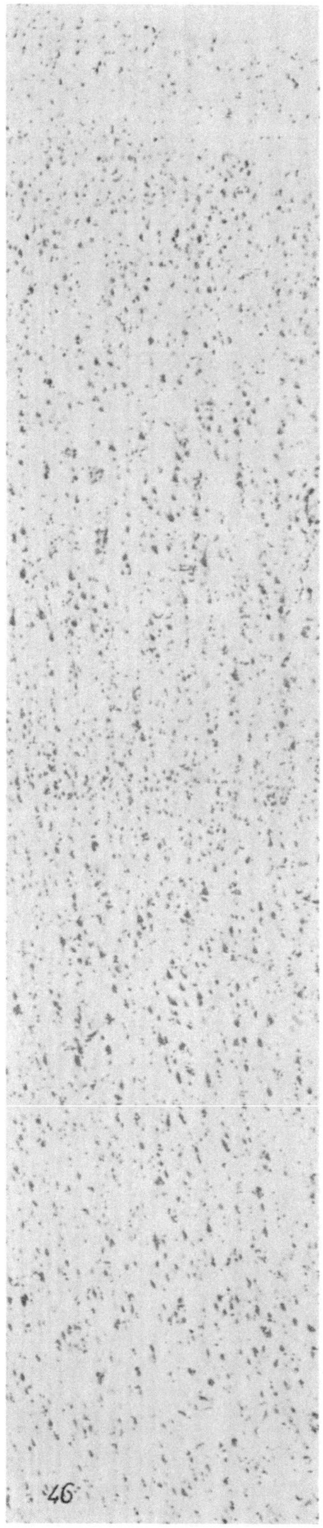

A 65

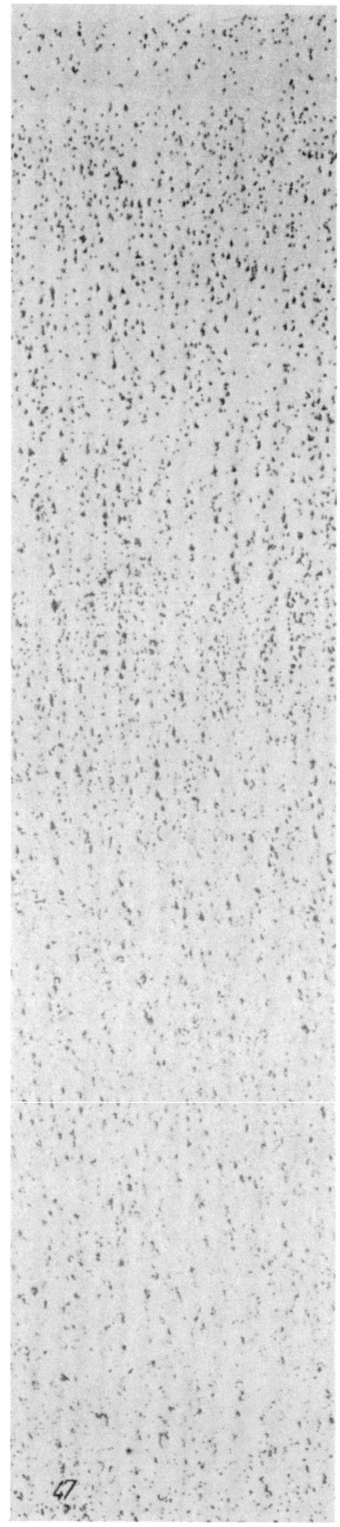

El 13

Tafel XVI 90 o links

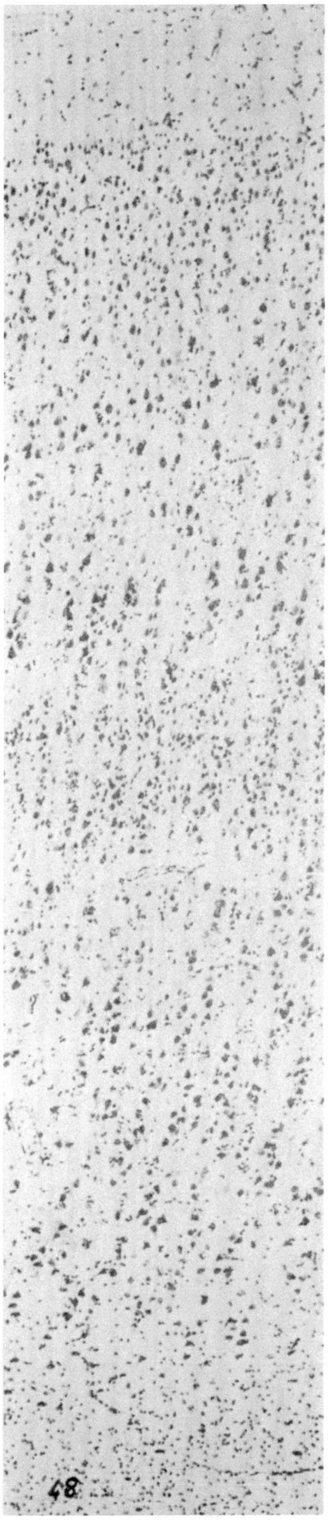

A 58

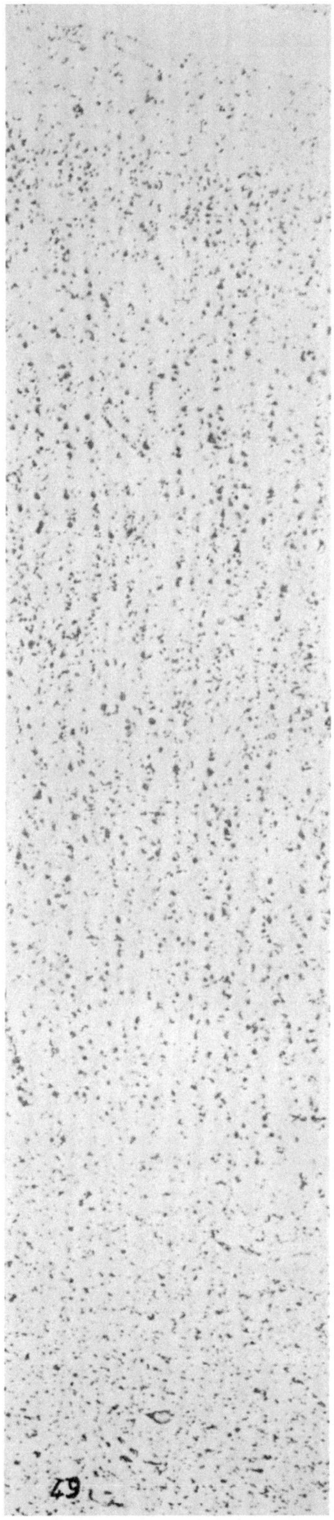

A 65

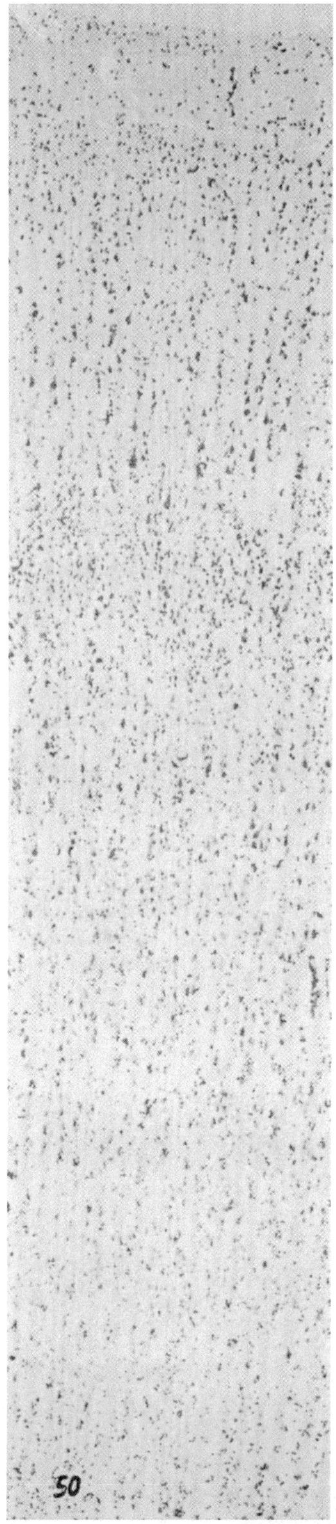

El 13

Tafel XVII 90 oip links

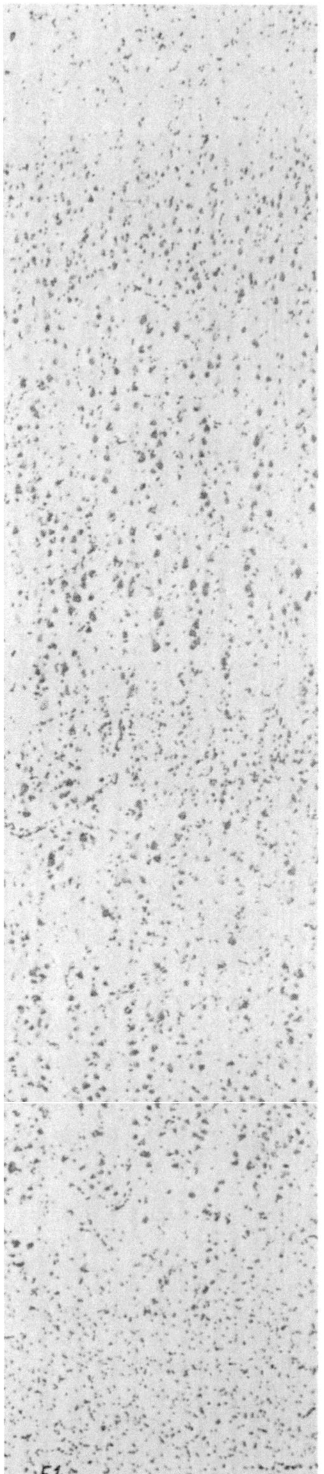

A 58

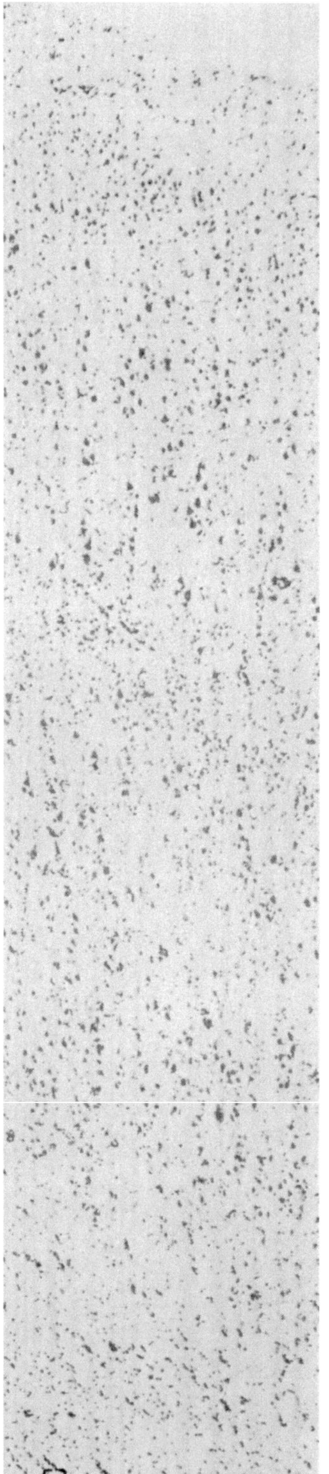

A 65

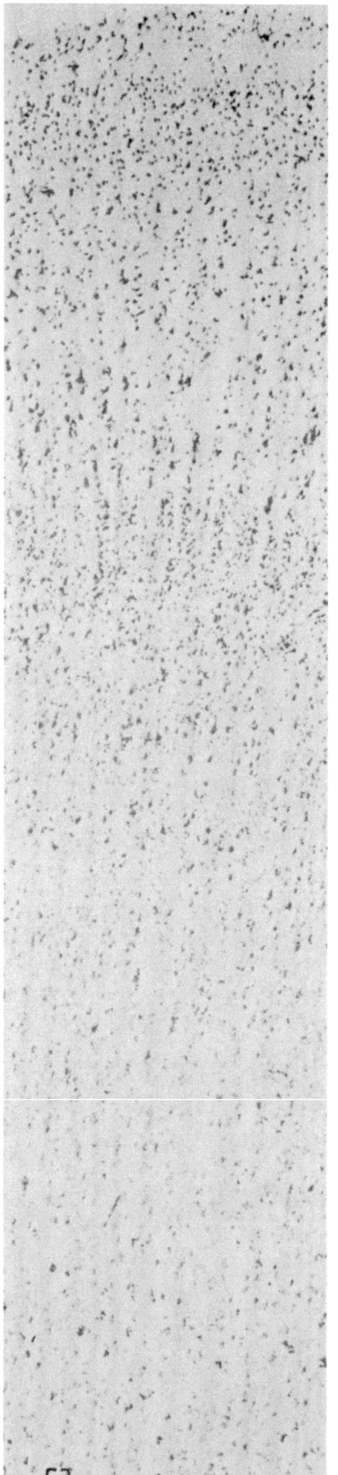

El 13

Individuelle architektonische Differenzen der Area striata [1] [2]

Von

K.-Th. Busch

Bis zur Mitte des 19. Jahrhunderts erfolgte die Untersuchung des Zentralnervensystems ausschließlich makroskopisch. In diese Epoche fiel z. B. die Entdeckung des uns bekannten Hirnrindenstreifens im Bereiche der Fissura calcarina durch Gennari und Vicq D'Azyr (1781). Histologische Untersuchungen zunächst an ungefärbten Gehirnschnitten begannen 1850 durch Kölliker. Die Einführung histologischer Färbemethoden, wie wir sie in den Arbeiten von v. Gerlach und Berlin (1858) niedergelegt finden, gab der Histologie, speziell der Neurohistologie, einen starken Aufschwung. Dadurch wurden die grundlegenden Forschungen Meynerts (1868—1872) sowie Arndts (1867, 1868 und 1869) möglich, welche als Begründer der Cytoarchitektonik der Großhirnrinde anzusprechen sind. Meynert beschäftigte sich u. a. mit der feineren Struktur der Sehrinde. In den folgenden Jahrzehnten sehen wir eine große Reihe von Forschern cytoarchitektonisch arbeiten. Als wichtigste im Rahmen des Themas seien genannt:

Henschen (1890—1896), der mit Bolton (1900) und Campbell (1905) die Rinde der Fissura calcarina als sensorisches Zentrum auffaßte. Ferner Brodmann (1903), der die Großhirnrinde in cytoarchitektonisch unterscheidbare Areae einteilte und die heute am meisten gebrauchte Hirnkarte schuf. Besonderen Wert für die Vertiefung der um die Jahrhundertwende aufgekommenen Lokalisationslehre erbrachten die Arbeiten von C. und O. Vogt, die grundlegende reizphysiologische und anatomische Untersuchungen mit dem Ziele durchführten, für bestimmte Funktionen das anatomische Substrat aufzudecken. C. und O. Vogt fanden eine große Zahl von Nervenzellarten, die sich durch bauliche Merkmale voneinander unterscheiden und die an bestimmte Hirngebiete gebunden sind. Eine oder mehrere Nervenzellarten bilden ein meist gegen die Umgebung gut abgegrenztes Einzelgrau, das in zwei

[1]) Auszugsweise vorgetragen auf dem III. Ophthalmologen-Kongreß der DDR am 16. 4. 59 in Dresden.

[2]) Herrn Prof. Dr. O. Vogt in Dankbarkeit und Verehrung gewidmet.

Formen, im Hirnstamm als Graukern, wie z. B. Nucleus ruber, Nucleus nervi trochlearis usw., oder in der Hirnrinde als Schicht (Lamina), beobachtet wird. In der Hirnrinde befinden sich 7 Hauptschichten, die zu Hirnrindenfeldern oder Areae mit bestimmter Struktur zusammengefaßt werden. Die baulichen Unterschiede zwischen den Areae sind derartig, daß ihre Grenzen scharf gezeichnet sind. Als Beispiel sei die Grenze zwischen den optischen Rindenfeldern 17 und 18 nach Brodmann bzw. der Area striata und der Area occipitalis nach Vogt angeführt (**Abb. 1—3**). Unterschiede im Bau bedingen auch

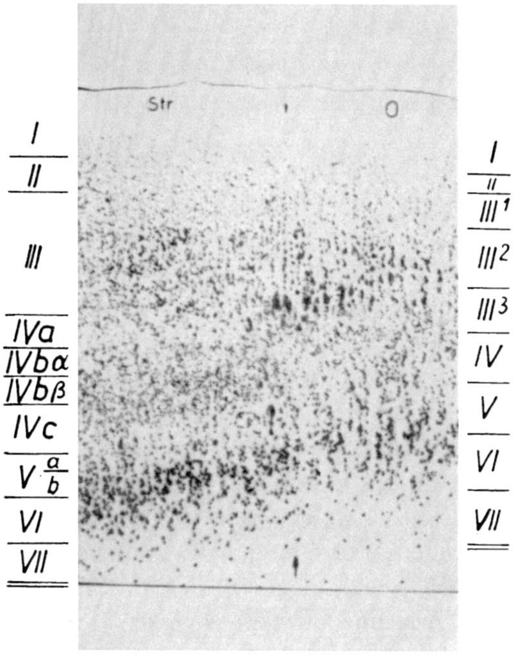

Abb. 1: Überzeichnetes Zellbild der Grenzzone zwischen der Area striata (Str) und der Area occipitalis (0) (Diapositiv von Prof. O. Vogt, Archiv für Vorträge)

Unterschiede in der Funktion, d. h. jeder Area mit ihrer besonderen Struktur kommen bestimmte Funktionen zu (O. Vogt). Dieser Lehrsatz findet seinen Beweis auch in der unterschiedlichen Architektonik der Areae striata, occipitalis und praeoccipitalis, die jeweils ihre eigenen Aufgaben zu erfüllen haben.

Um für funktionelle Unterschiede das entsprechende anatomische Substrat zu finden bzw. um von feinen anatomischen Differenzen auf unterschiedliche Funktionen schließen zu können, ist die anatomische Untersuchung der Area 17 bis 19 von großem Werte. Auf der anderen Seite stehen klinisch-physiologische Untersuchungsmethoden, die mit Hilfe der Gesichtsfelduntersuchung, der Visusbestimmung, der Untersuchung des Farben-, des Licht- und des Raumsinns usw. detaillierte Befunde erbringen.

Die vorliegende Arbeit beschäftigt sich mit den Ergebnissen der anatomischen Untersuchungen zunächst der Area striata von 8 Hemisphären 5

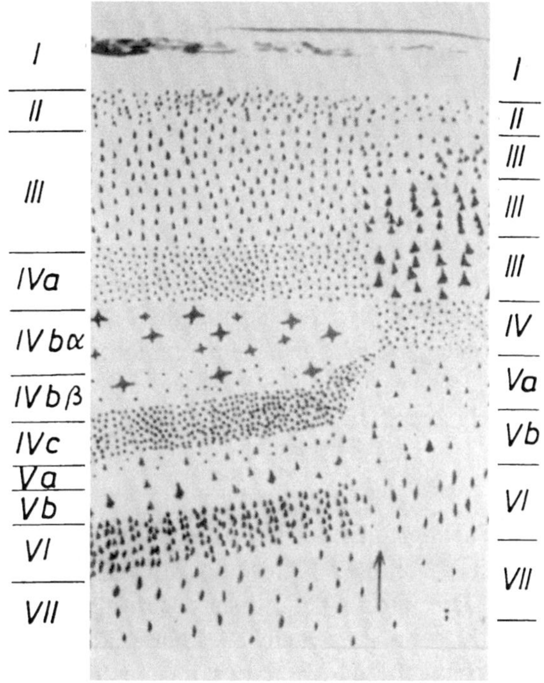

Abb. 2: Schematische Zeichnung zu Abb. 1 (Diapositiv von Prof. O. Vogt, Archiv für Vorträge)

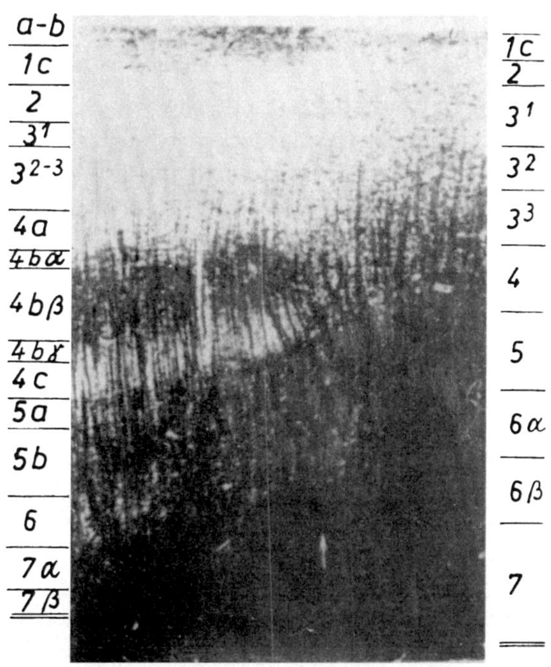

Abb. 3: Markfaserbild der Grenzzone zwischen der Area striata (Str) und der Area occipitalis (0) (Diapositiv von Prof. O. Vogt, Archiv für Vorträge)

verschiedener Gehirne, die der Sammlung des Neustädter Institutes entstammen. Es handelt sich um frontale Schnittserien (Formol-Paraffin), deren Einzelschnitte 20 μ dick sind und die mit Kresylviolett nach der Nissl-Methode gefärbt wurden.

Es sei eine kurze Charakteristik der herangezogenen Fälle vorausgeschickt.

1. A 58 (rechte und linke Hemisphäre):

24jähriger Schlosser; er sei mittelmäßiger Schüler gewesen. Vom 17. bis 21. Lebensjahr starker Trinker. In der Trunkenheit habe er zweimal einen Anfall gehabt, dessen epileptische Natur jedoch nicht sicher ist. Er wurde im Straßenkampf angeschossen und verstarb wenige Stunden später an inneren Blutungen.

2. Roe (rechte und linke Hemisphäre):

66jähriger Mann, Facharzt. Er sei immer ein sehr guter Beobachter gewesen, der schon seit seiner Kindheit Käfer und Briefmarken gesammelt habe. Zu erwähnen ist auch seine zwar kleine, aber pedantisch genaue und gleichmäßige Schrift. Er sei bis etwa zu seinem 52. Lebensjahr nie ernstlich krank gewesen. Seit dieser Zeit machten sich, langsam zunehmend, die Symptome einer familiären Paralysis agitans mit Wesensveränderungen bemerkbar. Nach einer Bruchoperation kam es, nach den Berichten zu urteilen, zu einer Lungenembolie mit Infarktpneumonie, an deren Folgen er verstarb.

3. A 43 (rechte Hemisphäre):

30jähriger Mann, der nie ernstlich krank gewesen sei. 1916 wurde eine Gewehrkugel in der Gegend der Troch. maj. operativ entfernt. Danach Abszeßbildung und Entstehung eines Erysipels, zunächst lokal, später generalisiert. Wegen akuter Beschwerden Laparotomie; es fand sich ein stark verdicktes Peritoneum mit Tuberkeln. Exitus letalis wenige Tage später. Pathologisch-anatomisch wurde eine carvernöse Lungentuberkulose aufgedeckt, die durch eine Bauch- und Blasen-Tuberkulose kompliziert war.

4. As (linke Hemisphäre):

76jähriger Mann, der als Wissenschaftler sehr bedeutend gewesen ist. Er sei ein besonders guter Beobachter gewesen. Schwere Erkrankungen sind nicht zu verzeichnen. Akuter Tod durch Herzschwäche bei Asthma.

5. Su (rechte und linke Hemisphäre):

71jähriger Mann, der als Dichter Hervorragendes geleistet hat. Außerdem bestanden schauspielerische, zeichnerische und musikalische Begabungen. Er habe ein gutes Sehvermögen besessen, und die Dunkeladaption sei bis ins hohe Alter unvermindert sehr gut gewesen. Su war ein ausgesprochen visueller Typ mit eidetischer Veranlagung.

An Krankheiten sind häufig Bronchitiden, Kreislaufstörungen und Gicht zu nennen. Eine durchgemachte Lungentuberkulose ist wahrscheinlich, aber nicht sicher nachzuweisen.

Die Längenausdehnung der Area striata liegt bei den rechten Hemisphären zwischen 29000 und 42800μ und bei den linken Hemisphären zwischen 39000 und 43400μ, so daß die durchschnittliche Längenausdehnung der Area 17 links eine größere ist als rechts. Obwohl die Fallzahl für eine statistische Auswertung noch zu gering ist, so liegt doch die Vermutung nahe, daß auch die Funktionen eine Linksbetonung aufweisen. Die Unterschiede zwischen den einzelnen Individuen sind Variationen, die ebenso bei den klinischen Funktionsprüfungen (Gesichtsfeld, Raumsinn, Lichtsinn, Farbensinn) zu beobachten sind.

Bei der architektonischen Betrachtung der Area striata als geschlossenes Hauptgriseum sind Differenzen zwischen den Individuen erkennbar. Die Großhirnhemisphären von Roe, A 43 und As (in den beiden letzteren Fällen konnte nur die rechte [A 43] bzw. die linke [As] Hemisphäre zur Untersuchung herangezogen werden) sind in allen Schichten zellreicher und kleinzelliger, unter Betonung der Schichten IVa bis IVc, als die von A 58 und Su. Auffällig ist weiter, daß die feiner als auch die gröber gekörnten Typen einen Unterschied zwischen rechter und linker Hemisphäre erkennen lassen. Die rechten Hemisphären besitzen in sämtlichen Schichten bei allen Zellarten eine geringere Größe und eine weniger dichte Lagerung.

Von den Fällen Roe und As wird berichtet, daß sie außerordentliche Sehleistungen gezeigt haben sollen. Vom Fall As ist außerdem noch bekannt, daß frühere Untersuchungen durch O. Vogt eine besondere Ausbildung und Ausdehnung der Area occipitalis (18) aufgedeckt haben. Als extrem feinkörniger Typ kann der Fall Roe herausgestellt werden.

Für den Fall A 43 können keine Angaben gemacht werden, da keine genauen Unterlagen vorhanden sind.

Werden die beiden grobkörnigeren Fälle miteinander verglichen, ist Su wesentlich differenzierter als A 58. Ein Blick in die Vorgeschichte zeigt auf, daß Su auch in seinen optischen Funktionen erheblich gegenüber A 58 hervorragt. Von Su ist bekannt, daß er z. B. Bühnenbilder seiner Schauspiele und Dramen in Einzelheiten vor Augen hatte und nach diesen bildlichen Vorstellungen die tatsächlichen Dekorationen und die Szenen schuf. Nach O. Vogt sollen mit zunehmender Leistung und Funktion eines Griseums der Zellreichtum und die „Körnelung" eine Steigerung erfahren. Im Falle Su wäre zu erwarten, daß die Felder 18 und 19, in denen höchste Sinnesleistungen sich vollziehen, einen besonderen Reichtum an Nervenzellen bei Überwiegen des „Körner-Typs" besitzen. Das ist auch der Fall, wie frühere Untersuchungen von O. Vogt ergeben haben.

Von Fall A 58 sind keine besonderen Leistungen der Sehfunktionen bekannt. Es handelt sich wohl um einen Menschen, der in bezug auf Sinnesfunktionen den Durchschnitt wahrscheinlich nicht überschritten hat.

Bei der feingeweblichen Untersuchung der Area striata der genannten 8 Hemisphären lassen sich 7 Unterfelder a bis g auffinden, deren räumliche Ausdehnung in Länge und Breite geringe Differenzen zwischen rechter und linker Hemisphäre sowie Unterschiede zwischen den Individuen, analog dem Gesamtfeld 17, erkennen läßt. Es fällt dabei auf, daß das Rindenband bei fast allen Unterfeldern links etwas schmaler ist als rechts. Die Gesamtbreite der Rinde ist bei den Subareae f und g am größten, dann folgen die Unterfelder a und c, am schmalsten sind b, d und vor allem e.

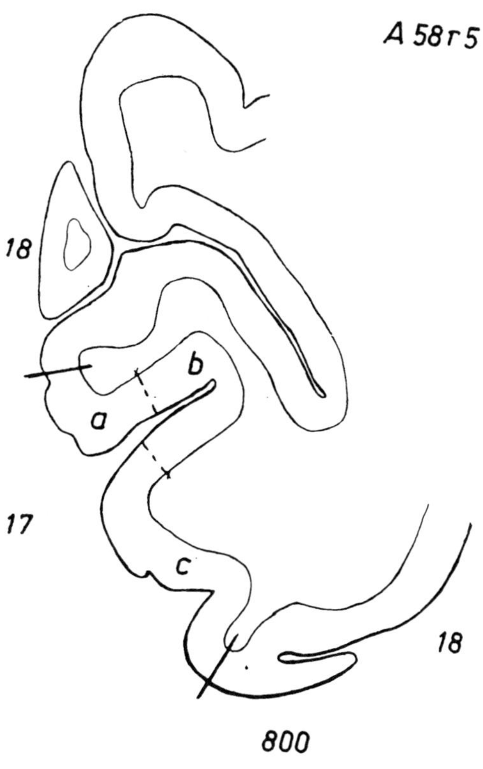

Abb. 4: Lage der Unterfelder a, b, c (Einzelheiten im Text)

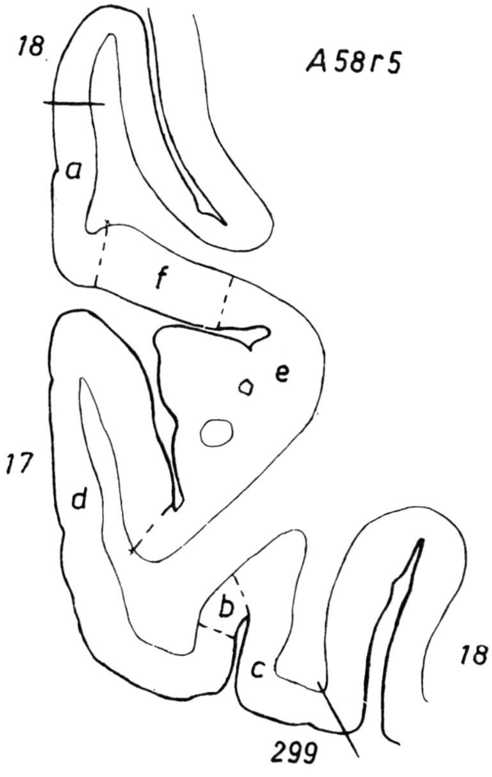

Abb. 5: Lage der Unterfelder a, b, c, d, e, f (Einzelheiten im Text)

Die Lage der Unterfelder, bezogen auf die Fissura calcarina, ist bandartig und parallel zur Furche, entsprechend dem Verlaufe des Hauptfeldes 17 (**Abb. 4—7**). Die Unterfelder a und c bilden Ober- bzw. Unterlippe der Fissura calcarina, die Subareae b und d liegen am Windungsabhang oben bzw. unten, an die sich nach der Tiefe zu die Unterfelder f und g anschließen; f liegt mehr am oberen Windungshang, während g fast im Furchengrund der Calcarina liegt, der von der Subarea e eingenommen wird.

Vom Occipitalpol oralwärts sind zunächst die Unterfelder a, b und c zu beobachten (**Abb. 4**). 100 bis 300 μ oral vom Occipitalpol treten zwischen a und b nacheinander die Unterfelder d, e, f auf, wobei b immer schmaler wird und nach oral zu wenig später völlig aufhört (350—450 μ vom Occipitalpol entfernt) (**Abb. 5**). Das Unterfeld g liegt oral zwischen e und f ist und von geringer Längenausdehnung (Anfang 800—1200 μ und Ende 1200—2000 μ vom Occipitalpol entfernt; Gesamtlänge zwischen 400 und 900 μ) (**Abb. 6**). Am oralen Ende der Area striata verschwinden kurz hintereinander die Unterfelder a, e und f und zum Schluß die Subareae d und c, so daß das Unterfeld c die größte Längenausdehnung aufweist (**Abb. 7**).

Die Unterfelder sind durch ihre unterschiedliche Struktur deutlich voneinander zu trennen; sie seien an Hand der rechten Hemisphäre des Falles A 58

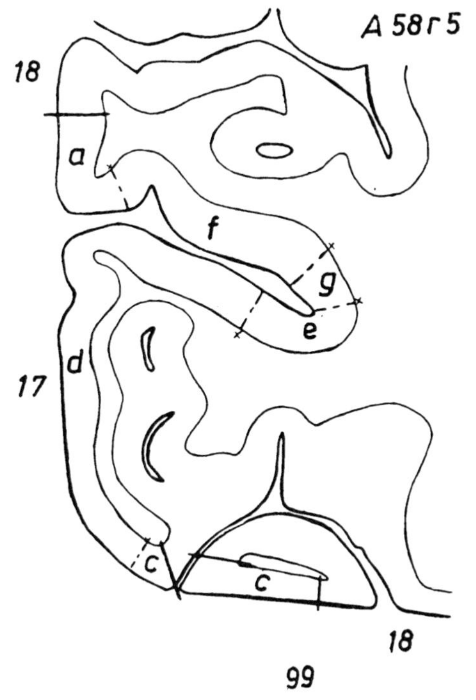

Abb. 6: Lage der Unterfelder a, c, d, e, f, g (Einzelheiten im Text)

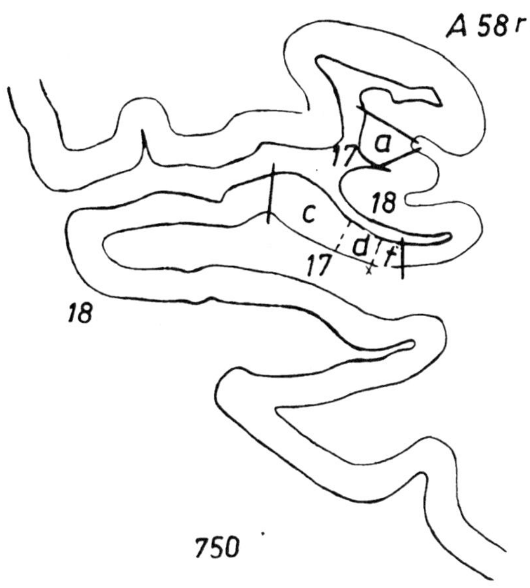

Abb. 7: Lage der Unterfelder a, c, d, f (Einzelheiten im Text)

einmal durch nebeneinandergestellte Streifen aus Originalphotographien (100 : 1) und zum anderen durch schematische Zeichnungen dieser Photostreifen dargestellt (**Abb. 8—9**). Die Subareae b, c, f und g sind in allen Laminae zelldichter als die übrigen Unterfelder; sie besitzen außerdem in ihren granulären Schichten, vorwiegend in der IVa und IVc, die den Gennarischen Streifen umschließen, eine Vermehrung der kleinen Nervenzellen vom 2. Golgischen Typ. Die Besprechung und der Vergleich der Subareae des Feldes 17 fallen am leichtesten, wenn man Photostreifen gleicher Unterfelder aller untersuchten Hemisphären auf einem Blatt nebeneinanderstellt (**Abb. 10—16**).

Die Subarea a (**Abb. 10**) ähnelt in der Gesamtbreite und in der Breite der Schichten dem Unterfeld c (**Abb. 12**). Ihre Lokalisation an Ober- bzw.

Unterlippe der Calcarina ist in der Hauptsache die Windungskuppe. Sie unterscheiden sich einmal, wie oben ausgeführt, dadurch, daß das Unterfeld gering zellreicher ist und eine stärkere Körnelung als a aufweist. Zum anderen sind bei 17c im Durchschnitt die Lamina IVc etwas schmaler und die Laminae III und V etwas breiter als bei 17a. Gegenüber 17b (**Abb. 11**) ist die Subarea a

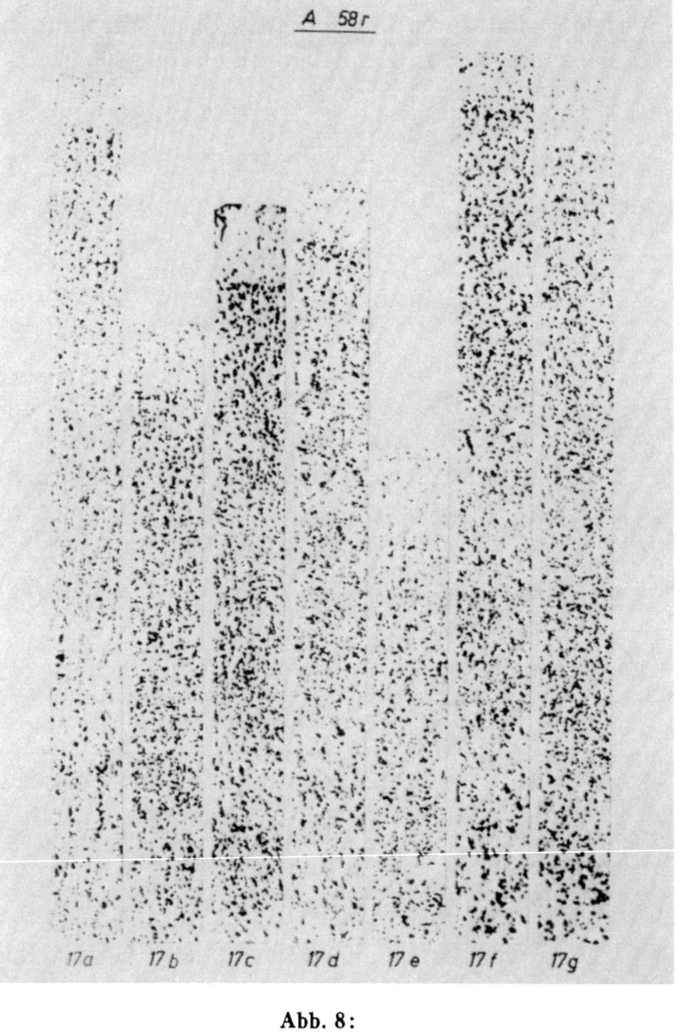

Abb. 8:
Die 8 Subareae der Area striata bei A 58, rechte Hemisphäre (Einzelheiten im Text)

breiter, sowohl insgesamt als auch in den Laminae IVb, IVc, V und VI; dieser Umstand ist durch die unterschiedliche Lage der Unterfelder a und b an der Windungskuppe bzw. am Windungsabhang mitbedingt. Schicht IVa bleibt demgegenüber ungefähr konstant. In der gleichen Weise gilt dieser Hinweis auch für die Vergleiche mit den Subareae d, e, f und g. Sonst ist Unterfeld a etwas weniger zellreich und nicht so „körnelig" wie 17b. Vergleicht man 17a mit 17d (**Abb. 13**), so ist die Subarea a insgesamt etwas breiter als d; es sind dabei vor allem die Schichten IVb, IVc und VI betroffen. Im Unterfeld d sind die Pyramidenzellen in den Schichten III, V, VI, VII im Durchschnitt etwas größer, während die Körnerzellen der Lamina II und IVa—c bei der Subarea a kleiner und zahlreicher wahrgenommen werden können. Zur Subarea e (**Abb. 14**) bestehen erhebliche Unterschiede, die weiter unten dargestellt

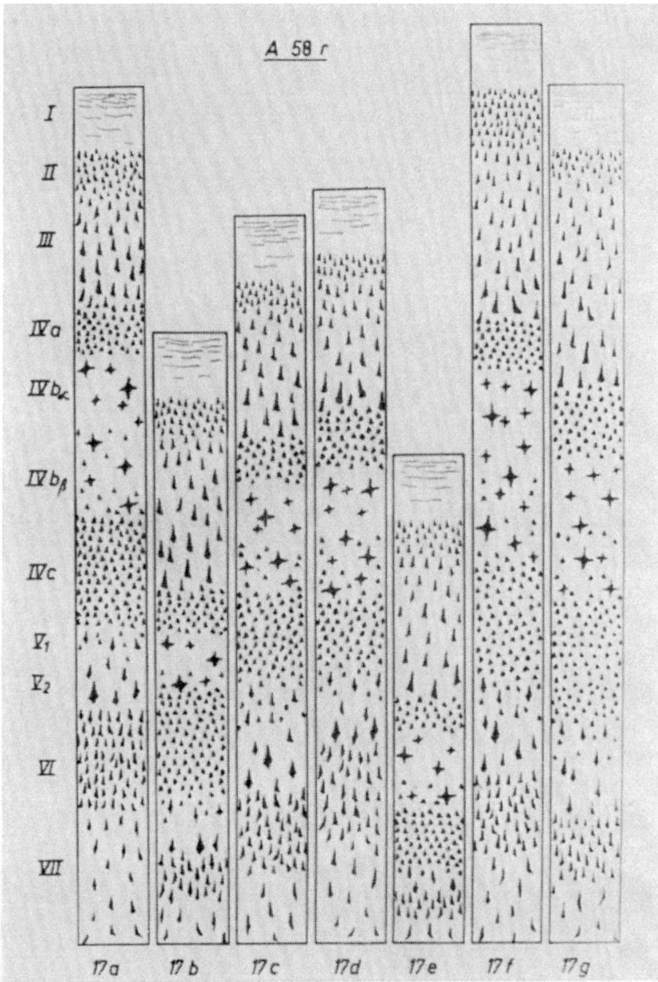

Abb. 9: Schematische Zeichnung zu Abb. 8

werden sollen. Im Vergleich zu den Unterfeldern f und g ist a insgesamt schmaler als die genannten beiden Subareae. Sämtliche Laminae sind bei 17a schmaler als bei 17f (**Abb. 15**) und 17g (**Abb. 16**) mit Ausnahme von IVc, die im Durchschnitt etwas breiter bleibt als bei 17g und noch deutlicher bei 17f. Außerdem überwiegen die kleinen Körnerzellen bei den Unterfeldern g und f mehr als bei a.

Die Subarea b (**Abb. 11**) gehört zu den zell- und körnerreicheren Unterfeldern und unterscheidet sich von 17c (**Abb. 12**) durch eine geringere Gesamtbreite, die in der Hauptsache durch die Verschmälerung der Laminae V, VI und VII hervorgerufen wird, während die Schichten IVa, IVb und IVc keine wesentlichen Breitendifferenzen aufweisen. Auch hier, sowie beim Vergleich mit 17f und 17g, ist der Unterschied in den Schichtbreiten durch die Lage an

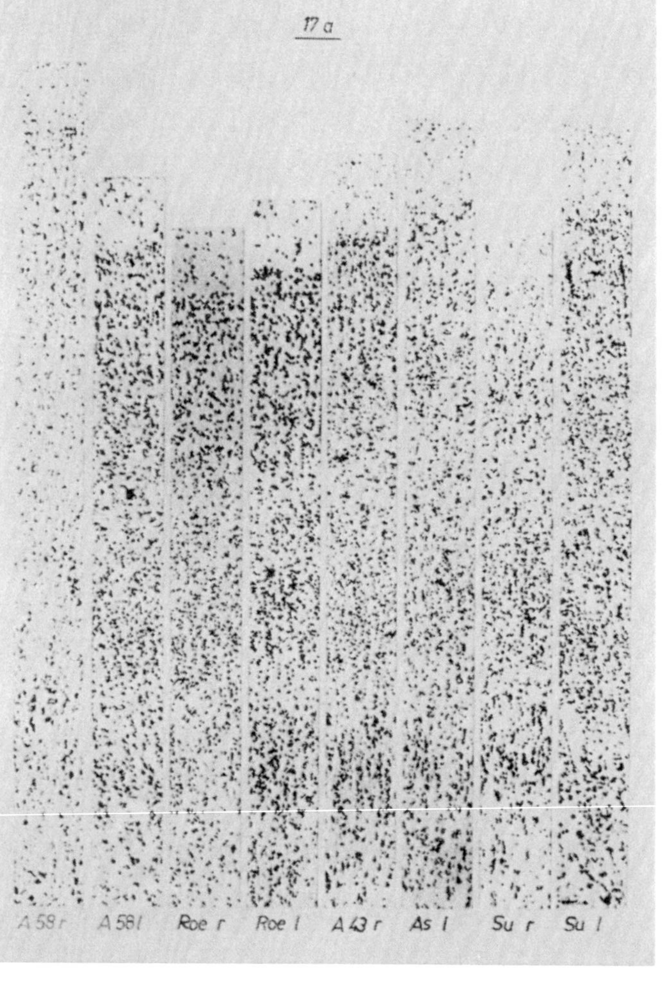

Abb. 10: Die Subarea a der Area striata (Einzelheiten im Text)

Windungskuppe bzw. -abhang oder -grund mitbedingt. Außerdem ist 17b gering zellreicher als 17c, vorwiegend in den Körnerschichten. Das Unterfeld b hat im Durchschnitt gleiche Rindenbreite wie Unterfeld d (**Abb. 13**), es ist jedoch körnerreicher als d. Im Durchschnitt erscheint bei 17b die Lamina III breiter und die IVb und VI schmaler als bei 17d. Vergleichen wir 17b mit 17f (**Abb. 15**) und g (**Abb. 16**), so ist zunächst auffällig, daß b schmaler ist als die beiden anderen Unterfelder, wobei am meisten die Laminae III, IVb, V und VI beteiligt sind. Andererseits ist 17b etwas weniger zell- und körnerreich als 17f und 17g. Die Gegenüberstellung mit der Subarea e erfolgt unter dem genannten Feld; mit 17a ist ein Vergleich bereits besprochen.

Die Subarea c (**Abb. 12**) ist ebenfalls relativ zell- und körnerreich; ihre Abgrenzung gegenüber Subarea a und b wurde bereits erläutert. Das Unter-

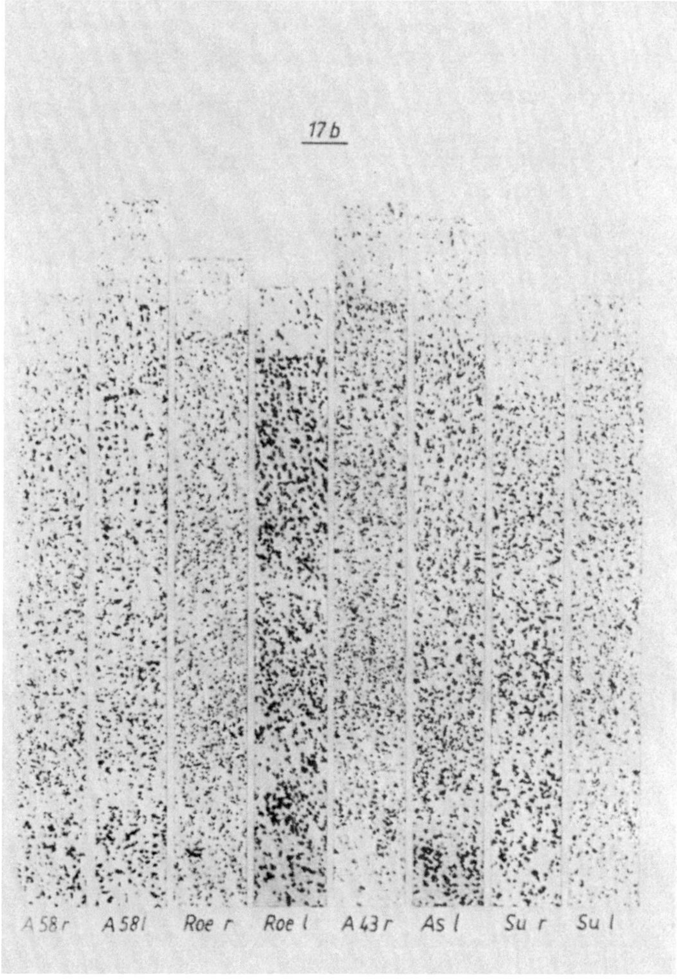

Abb. 11: Die Subarea b der Area striata (Einzelheiten im Text)

feld c ist insgesamt breiter als das Unterfeld d (**Abb. 13**), vorzugsweise in den Schichten IVc, V und VI. Die Laminae IVa und IVb beider Unterfelder zeigen keine wesentlichen Unterschiede in der Breite. Die Lage an Kuppe, Abhang oder Grund einer Windung ist für die Differenzen der Breite der genannten Laminae von 17c und 17d sowie beim Vergleich von 17c mit 17f und 17g mitverantwortlich zu machen. 17d ist außerdem angedeutet weniger zelldicht, aber ärmer an Körnerzellen als 17c. Verglichen mit den Subareae f (**Abb. 15**) und g (**Abb. 16**) ist die Subarea c etwas schmaler, wobei die Schichten III, IVb und V die augenfälligste Verschmälerung aufweisen. Die Zelldichte ist bei 17c etwas geringer als bei 17f und 17g, die außerdem etwas feinkörniger sind.

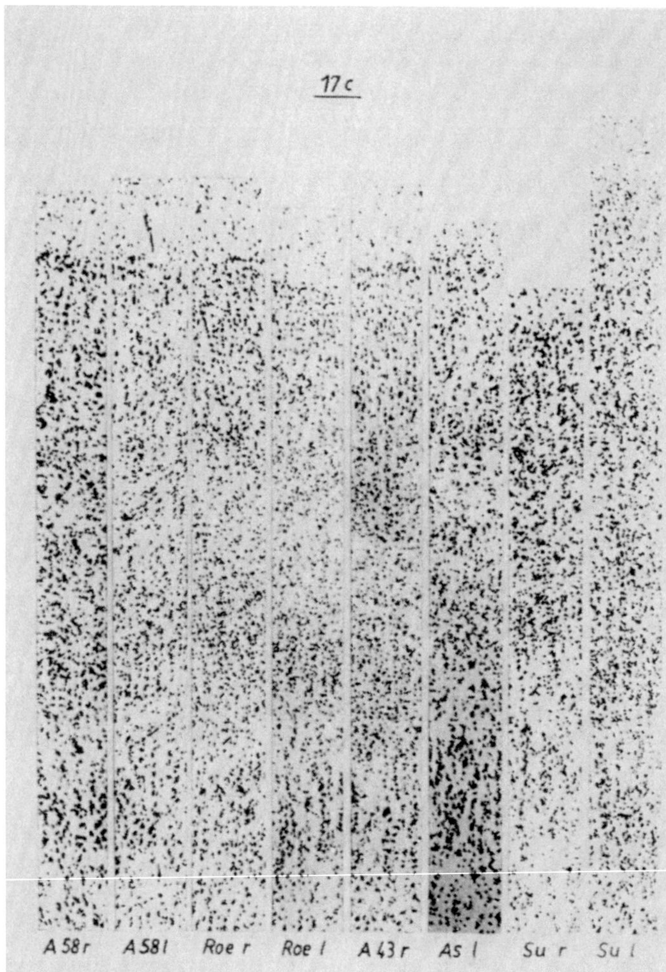

Abb. 12: Die Subarea c der Area striata (Einzelheiten im Text)

Die Subarea d (**Abb. 13**) ist gekennzeichnet durch kräftige pyramidale Elemente, besonders in der Lamina V, und durch kleine Pyramidenzellen am äußersten Rande der Lamina II, die auffällig in einer rindenparallelen Reihe angeordnet sind. Gegenüber den Unterfeldern 17f (**Abb. 15**) und 17g (**Abb. 16**) ist 17d insgesamt schmaler; an der Verschmälerung sind außer der Lamina IVa sämtliche Schichten beteiligt. Dieser Befund ist mitbedingt durch die Lage am Windungsabhang bzw. am Grunde der Windung. 17d ist schließlich, wie schon erwähnt, insgesamt etwas zellärmer und weniger reich an Körnerzellen, besonders in den Laminae II, IVa, IVc als 17f und 17g.

Die Subarea 17e (**Abb. 14**) ist ein Unterfeld, das ein wesentlich schmaleres Rindenband aufweist als die anderen Subareae. Außer der III. Schicht, die hier sehr ausgeprägt ist, sind alle Laminae verschmälert. 17e ist in allen Schich-

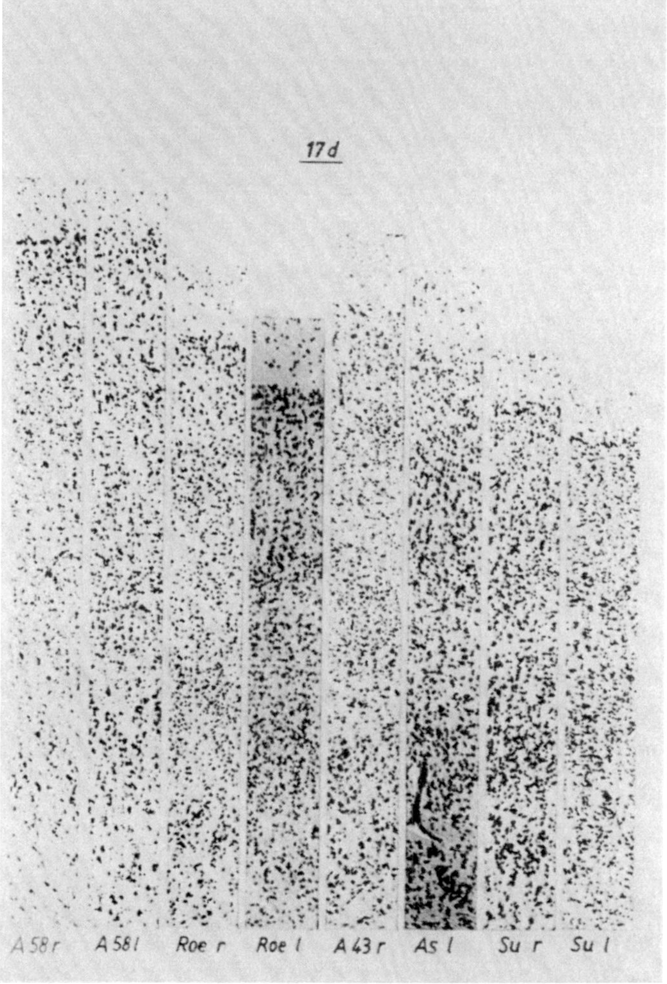

Abb. 13: Die Subarea d der Area striata (Einzelheiten im Text)

ten relativ arm an Körnerzellen; aber auch die pyramidalen Schichten pflegen im Durchschnitt weniger dicht zu sein als in den anderen Subareae.

Die Subareae f (**Abb. 15**) und g (**Abb. 16**) sind die Unterfelder mit dem breitesten Rindenband; untereinander bestehen im Durchschnitt kaum Differenzen in der Gesamtbreite. Werden die einzelnen Laminae verglichen, so sind die Schichten IVa und IVc bei 17g gering breiter entwickelt, dafür dürften die Schichten III und V sehr gering verschmälert sein. Die Zelldichte scheint bei 17f etwas größer zu sein als bei 17g, während 17g gegenüber 17f als feinkörniger imponiert.

Außer den geschilderten individuellen Unterschieden, die Dichte und Verteilung der Zelltypen betreffen, sind nach eingehender Betrachtung der Unterfelder noch weitere feine individuelle Differenzen der Schichtbreiten erkennbar. Das Unterfeld 17a (**Abb. 10**) bietet ein nahezu einheitliches Bild. Lediglich

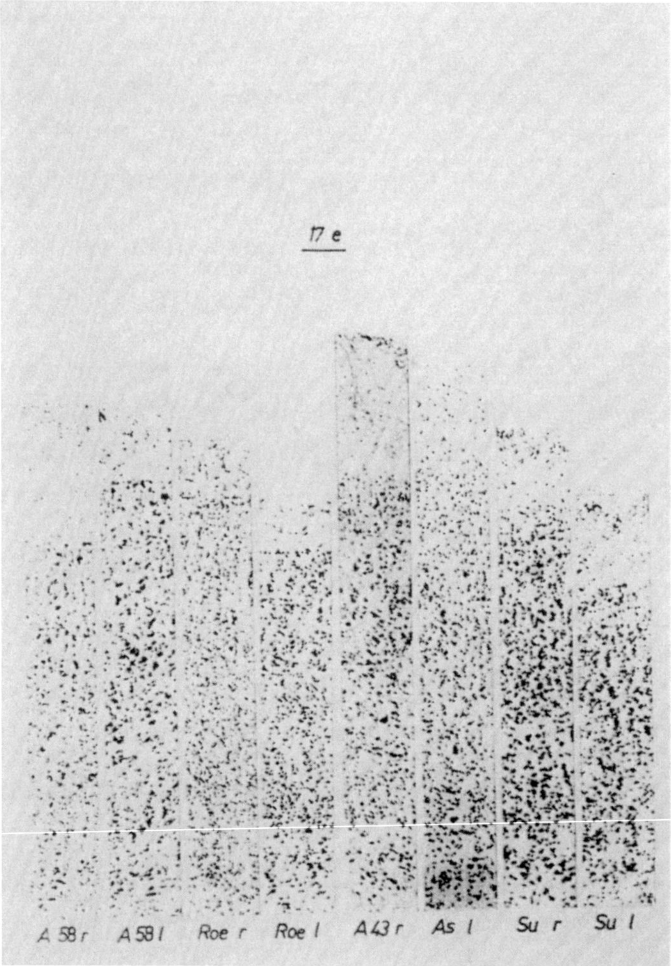

Abb. 14: Die Subarea e der Area striata (Einzelheiten im Text)

die Schichten III, IVb und VI lassen in ihrer Breite geringe Variationen erkennen. Bei der Subarea b (**Abb. 11**) sind die Breitendifferenzen der Laminae III, IVb, IVc und VI etwas deutlicher; der einheitliche Charakter aller Ausschnitte ist jedoch völlig gewahrt. Auch bei Unterfeld c (**Abb. 12**) fällt die Uniformität der Ausschnitte auf. Geringe Unterschiede in der Breite betreffen die Laminae III, IVb und VI. Betrachtet man anschließend die Subarea d

(**Abb. 13**), so stören die Hemisphären A 58 rechts, A 58 links und A 43 rechts gering die Einheitlichkeit des Aufbaues der Schichten. Bei den genannten 3 Hemisphären sind die Schichten V, VI und VII breiter als bei den 5 übrigen untersuchten Hemisphären. Beim Unterfelde e (**Abb. 14**) ist wieder in allen Fällen eine auffallende Einheitlichkeit zu beobachten. Nur die Laminae III und IVb weisen geringe individuelle Differenzen in der Breite auf. Auch das

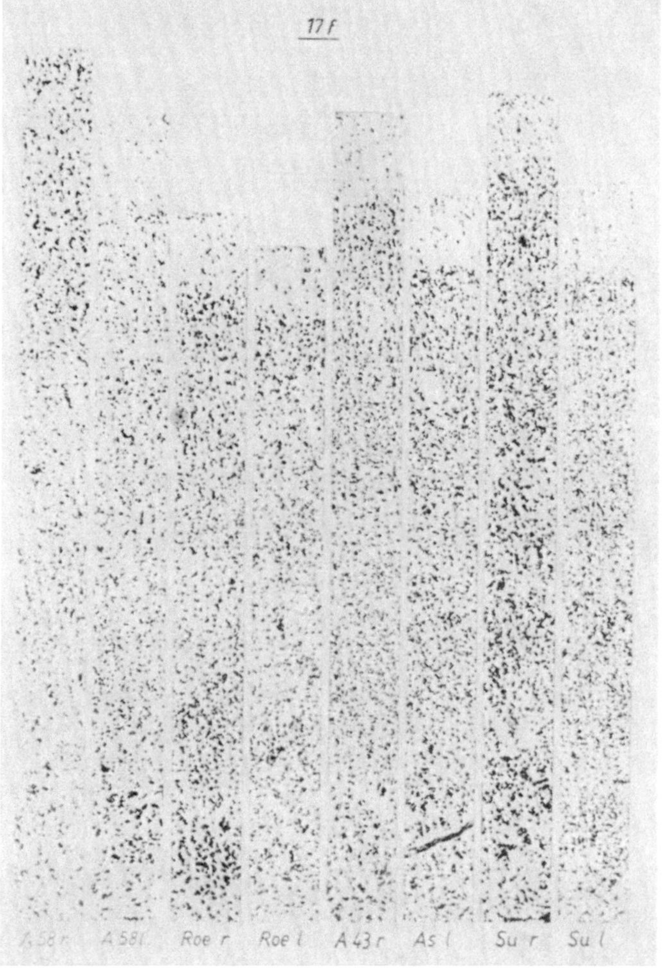

Abb. 15: Die Subarea f der Area striata (Einzelheiten im Text)

Unterfeld f (Abb. **15**) zeigt bei allen Hemisphären einen überwiegend einheitlichen Bau. Schwankungen sind in der Breite der Laminae III, IVb, IVc und V in geringem Umfange feststellbar. Die Subarea g (**Abb. 16**) hat mit Ausnahme der rechten Hemisphäre von Roe ebenfalls eine gleichmäßige Bauanordnung. Geringe Differenzen der Schichtbreiten betreffen die Laminae III, IVb, V und VI. Aus dem Rahmen fällt die gesamte rechte Hemisphäre Roe, bei der auch die Schichten IVc und VII größere Unterschiede erkennen lassen.

Auf Grund der beschriebenen Befunde ist festzustellen, daß die Area striata in 7 Unterfelder aufgegliedert werden kann, die sich durch anatomische Besonderheiten voneinander abtrennen und sich, mit individuellen Differenzen, konstant immer wieder in sämtlichen 8 Hemisphären nachweisen lassen. Im Gegensatz zu Ngowyang, der 16 Unterfelder unterscheidet, konnte bei den hier beschriebenen Untersuchungen eine wesentlich geringere Anzahl auf-

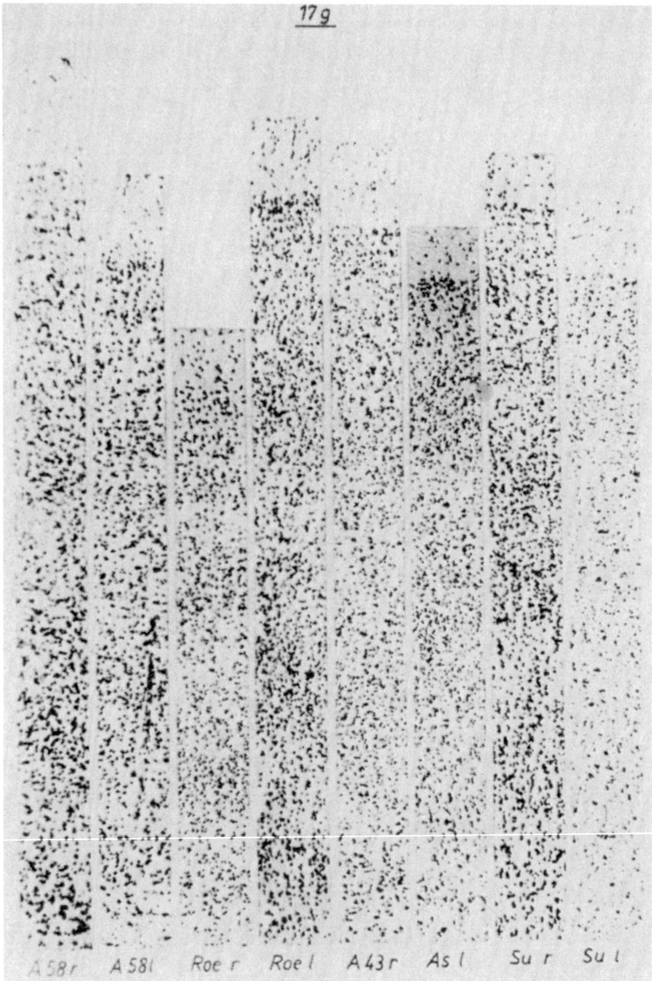

Abb. 16: Die Subarea g der Area striata (Einzelheiten im Text)

gefunden werden. Es sei darauf hingewiesen, daß je nach Lage des Schnittes zu den einzelnen Abschnitten einer Windung (Kuppe, Abhang, Tal) verschiedene Schnittbilder entstehen, obwohl diese gleichen Unterfeldern angehören. Auch ist zu berücksichtigen, daß sowohl von Ngowyang als auch in dieser Arbeit nur Frontalserien benutzt werden konnten. Unter Beachtung dieser Faktoren ist die Zahl von 16 Unterfeldern bei Ngowyang als zu groß anzusprechen, zumal deren Einheitlichkeit aus den Ausführungen und Bildern von Ngowyang nicht mit genügender Sicherheit hervorgeht.

Von Bedeutung sind die Veröffentlichungen von Beck sowie von Beck und Kleist. Hier wird, unter Hinzuziehung von vergleichend anatomischen Studien beim Hund, bei der Katze u. a., festgestellt, daß die Area striata nicht einheitlich gebaut ist, sondern daß Unterfelder beobachtet werden können. Dieser Befund sei zu erwarten gewesen, da auf Grund von zahlreichen Einzelleistungen dieses Hirnrindenfeld eine Fülle von Funktionen aufzuweisen hätte. Beck berichtete von 11 cyto- und myeloarchitektonisch nachgewiesenen Unterfeldern. Die Felder der dorsalen und der ventralen Calcarinalippe seien einander ähnlich, würden sich aber nicht völlig gleichen.

Die jetzigen Untersuchungen bestätigen die Anschauungen von Beck und Kleist, daß die Area striata nicht einheitlich gebaut ist und Unterfelder besitzt. Es geht ferner aus den weiter oben gebrachten Ausführungen hervor, daß Unterfelder der dorsalen Calcarinalippe Unterfeldern der ventralen Lippe ähneln; auch hierin stimmen die Anschauungen überein. Nicht völlig überzeugend ist jedoch die große Zahl von 11 Unterfeldern, die die genannten Autoren in der Area striata fanden. Wenn man die Lage des Schnittes in bezug auf Kuppe, Abhang und Tal einer Windung berücksichtigt, so werden zunächst für different gehaltene Unterfelder doch identisch. Wahrscheinlich würde sich dann die Zahl der genannten Unterfelder verringern. Außerdem wurden offenbar auch bei diesen Untersuchungen nur Frontalserien verwendet. Die Zahl der Subareae dürfte also kleiner sein als die Ergebnisse von Beck, Kleist und Ngowyang aussagen.

Erwähnt seien noch die Untersuchungen von Heinze an der Area occipitalis (18), der außer drei Unterfeldern noch sogenannte Campuli (Einzelfeldchen), bis zu 19 Stück pro Unterfeld, beobachtet hat. Diese Campuli hätten keine omnilaminären Grenzen und würden sich nur durch Besonderheiten einzelner Schichten unterscheiden. Infolge individueller Variationen sei der Typ des Campulus nicht eindeutig zu charakterisieren, so daß keine Korrespondenz zur anderen Hemisphäre bestünde. Hierzu ist zu bemerken, daß über die Unterfelder hinausgehende Differenzen nach den Ergebnissen der eigenen Untersuchungen als individuelle Variationen zu werten sind.

Unter Würdigung von Befunden an anderen Areae, z. B. der motorischen Region, ist anzunehmen, daß die baulich differenten Unterfelder der Area striata wahrscheinlich das anatomische Substrat detaillierter Funktionen des Sehorgans darstellen, variiert durch individuelle Differenzen. Es ist deshalb anzustreben, für jeden wissenschaftlichen Fall einen ins Einzelne gehenden ophthalmologischen Status aufzunehmen, der unter Zuhilfenahme von möglichen morphologischen Untersuchungen und auch von Berechnungen von Zelldichten und Zellkoeffizienten die aufgezeigten anatomischen Besonderheiten der Area striata weiter klären hilft.

Literaturverzeichnis

Beck, E., Ist die Area striata ein einheitlich gebautes Rindenfeld? Arch. f. Psych. 90, 879, 1930. — Beck, E., und Kleist, K., Neuere Ergebnisse in der Erforschung von Bau, Leistungen und Störungen der Sehsphäre. Forsch. u. Fortschritte 7, 412, 1931. — Brouwer, B., van Heuven, G. J. und Biemond, A., Experimentell-anatomische Untersuchungen über die optischen Systeme. Proc. Koninkl. Akad. van Wetensch. te Amsterdam 31, 1928. — Haug, H., Quantitative Untersuchungen an der Sehrinde. Thieme, Stuttgart 1958. — Haug, H., Die Zelldichte und ihre Bedeutung für die Hirnrinde und ihre Areale. Dtsch. Z. Nervenheilk. 178, 648, 1959. — Heinze, G., Zytoarchitektonische Untergliederung der Area occipitalis. J. f. Hirnforsch. 1, 173, 1954. — Heinze, G., Größenbestimmungen und Darstellungen von Rindenfeldern. J. f. Hirnforsch. 1, 199, 1954. — van Heuven, G. J., Experimenteel-anatomisch Onderoek omtrent de corticale optische Projectie bij den Java-aap. Dissertation, Amsterdam, 1929. — Ngowyang, G., Die cytoarchitektonischen Unterfelder der Area striata beim Menschen. J. Psychol. u. Neurol. 46, 351, 1934. — Popoff, N., Zur Kenntnis der Größe der Area striata u. d. Methodik ihrer Ausmessung. J. Psychol. u. Neurol. 34, 238, 1927. — Smith, G. E., The cortical representation of the macula. J. of Anat. and Physiol. 64, 1930. — Smith, G. S., New light on the vision. Nature. May 1930. — Vogt, O., Die anatomische Vertiefung der menschlichen Hirnlokalisation. Klin. Wochenschr. 29, 111, 1951. — Vogt, C. u. O., Morphologische Gestaltungen unter normalen und pathogenen Bedingungen. J. Psychol. u. Neurol. 50, 161, 1942.

Anschrift des Verfassers: Dr. Karl-Theodor Busch, Hirnforschungsinstitut der Karl-Marx-Universität Leipzig.

FSC
www.fsc.org
MIX
Papier | Fördert gute Waldnutzung
FSC® C083411

Zeitfracht Medien GmbH
Ferdinand-Jühlke-Straße 7
99095 Erfurt, Deutschland
produktsicherheit@kolibri360.de